本著作受苏州大学重点学科项目资助

儿童友好医院的建设策略研究

——来自苏州的探索与实践

夏正伟　丁小雪　著

苏州大学出版社
Soochow University Press

图书在版编目(CIP)数据

儿童友好医院的建设策略研究 : 来自苏州的探索与实践 / 夏正伟, 丁小雪著. -- 苏州 : 苏州大学出版社, 2024. 12. -- ISBN 978-7-5672-5108-3

Ⅰ. TU246.1

中国国家版本馆 CIP 数据核字第 2025M9D689 号

ERTONG YOUHAO YIYUAN DE JIANSHE CELÜE YANJIU

——LAIZI SUZHOU DE TANSUO YU SHIJIAN

责任编辑: 马德芳　　**装帧设计:** 刘　俊

助理编辑: 谢　刚

出版发行:	苏州大学出版社	**网　址:**	http://www.sudapress.com
社　址:	苏州市十梓街 1 号	**邮　箱:**	sdcbs@suda.edu.cn
邮　编:	215006	**开　本:**	700 mm×1 000 mm　1/16
印　刷:	苏州市古得堡数码印刷有限公司	**印　张:**	13
版　次:	2024 年 12 月第 1 版	**字　数:**	227 千
印　次:	2024 年 12 月第 1 次印刷	**定　价:**	68.00 元

图书若有印装错误,本社负责调换

苏州大学出版社营销部电话　　0512-67481020

苏州大学出版社天猫旗舰店　　https://szdxcbs.tmall.com

序

在儿童友好城市建设的战略蓝图与“健康中国 2030”规划纲要的指引下，儿童友好医院作为守护儿童健康权益的关键支撑，肩负着推动儿童健康事业高质量发展的时代使命。从国际实践经验来看，儿童友好医院建设已突破传统医学诊疗的单一功能边界，跃升为融合空间环境创新、服务模式重构与社会协同治理的多维实践范式。其建设理念也在不断进阶，从单纯追求“功能导向”的空间营造，转向强调人性关怀的“情感疗愈”体验构建；从聚焦“疾病治疗”的阶段性干预，延伸至覆盖“全周期健康关怀”的系统性服务体系搭建。

相较于成年人，儿童对充满人文关怀的就医环境需求更为强烈。其独特的认知特征、活泼好动的天性与敏感脆弱的心理特质，在就医环境适儿化建设中需被充分考量。此外，不同类型医疗机构的儿童医疗服务功能定位与资源配置存在差异，如何精准推进适儿化建设以有效提升儿童就医时的情感体验，同样是当前推进儿童友好医院建设中需要解决的现实问题。

2021 年初，受苏州市政府妇儿工委办委托，我院承担了苏州市儿童友好城市建设两部实施指引的编制工作。长期深耕环境行为学视角下城市建筑空间更新优化研究的夏正伟副教授作为负责人，带领团队围绕儿童友好医院建设开展了系统性研究工作，并深度参与了苏州市儿童友好医院建设实践的全过程。其主持编制的《苏州市儿童友好医院建设指引（试行）》，为苏州市儿童友好医院建设提供了坚实的实践指导，相关研究成果荣获苏州市第十六届哲学社会科学优秀成果奖一等奖。

作为国内儿童友好医院建设的先行者，苏州秉持“儿童优先”理念，通过空间创新、服务升级与资源整合，打造了兼具专业性与人文关怀的儿童医疗生态环境，形成了可复制、可推广的“苏州模式”，有望为全国儿童友好医院建设提供示范。因而，在大力推进儿童友好医院建设之际，《儿童友好医院的建设策略研究——来自苏州的探索与实践》的出版恰逢其时。本书结合苏州市儿童友好医院建设的研究与实践经验,聚焦“一米世界”“童趣空间”“有温度的医疗服务”等适儿化理念,提出了空间友好和服务友好的分类建设措施,很好地回应了上述儿童就医环境建设难题。这些策略方法有助于构建安全、趣味、舒适的儿童就医环境,兼具理论深度与实践指导价值。期待这部著作可以成为儿童友好医院建设领域的重要参考,助力增进儿童健康福祉。

吴永发

苏州大学建筑学院院长、教授

前言

儿童健康是全民健康的重要方面，影响着经济社会的可持续发展。在联合国儿童基金会与联合国人居署1996年共同提出的“儿童友好型城市倡议”中，明确将少年儿童福祉纳入健康人居环境质量、社会文明程度及政府治理水平的核心评判标准。从“一米世界”的视角为儿童健康成长发展提供适宜的条件、环境和服务，已成为全社会的共同责任。依据国家卫健委印发的《健康儿童行动提升计划(2021—2025年)》，儿童医院、综合医院儿科、基层医疗卫生机构以及妇幼保健机构等共同构成了儿童友好医院建设的主体，肩负着为儿童提供具有人文关怀的健康服务重任。

随着我国医疗卫生事业的发展，儿童医疗资源供给在规模方面成效显著。然而，大量已建成的儿童医疗机构就医环境在适配儿童心理特征与行为活动需求上还存在不足。尤其是在生物-心理-社会医学模式下，需要突破单一生物医学干预的局限，将生理、心理与社会关怀纳入儿童健康服务框架，通过实施儿童友好医院建设，为儿童提供有情感、有温度的系统性健康服务。苏州是国内较早开展儿童友好医院建设的城市之一。2020年6月，苏州市以苏州大学附属儿童医院为试点，正式启动儿童友好医院建设工作；2021年11月，发布《苏州儿童友好医院建设指引(试行)》，为建设实践提供规范指导；2023年底，出台《苏州市儿童友好医院建设评分细则(试行)》，并评选出24家医疗卫生机构为首批苏州市儿童友好医院。在苏州市政府妇儿工委办和苏州市卫健委的统筹指导下，作者团队有幸深度参与其中，亲历了苏州儿童友好医院建设的探索与实践发展过程。

本书的结构组织从理论基础、现实诉求、建设路径、设计策略和实践探索等五个方面展开，系统性呈现了作者团队在儿童友好医院建设方面的研究成果与创新思考。儿童友好医院建设，应以人文友好为核心，以政策友好为保障，在不断完善医疗资源配置的基础上，以空间友好和服务友好为建设路径，系统性构建兼具专业品质与人文温度的儿童就医环境，全方位呵护儿童身心健康。本书在相关理论研究的基础上，深入剖析儿童就医行为特征与需求，结合国内外代表性案例的策略分析和苏州实践经验的深度挖掘，建构了系统性的儿童友好医院建设策略方法。在案例调研和实践经验研究环节，得到了苏州市政府妇儿工委办公室与苏州市卫健委妇幼健康处的鼎力支持，为本书的顺利完成提供了坚实保障。在此谨表谢忱。

由于时间有限，书中难免存在疏漏和不足之处，欢迎各位读者指正。

夏正伟

于苏州大学

目录 CONTENTS

第一章

绪论

1.1 儿童友好医院发展背景

1.1.1 儿童友好医院建设的重要性凸显

在儿童健康保障体系中，医院作为专业医疗资源与服务的核心载体，其建设水平直接影响儿童生理、心理及社会适应能力的全面发展，是筑牢儿童健康防线的关键环节。开展儿童友好医院建设，不仅是完善儿童健康服务体系的核心任务，更是构建儿童友好城市的重要基石，关乎儿童群体的生命质量与长远发展权益。这种对儿童特殊照料的责任与义务，有着深厚的历史渊源。早在1924年，《日内瓦儿童权利宣言》的发布，便在国际层面首次明确提出保护儿童权利的诉求，为儿童权益保障奠定了思想基础。1989年，具有划时代意义的《儿童权利公约》在联合国大会获得一致通过，标志着国际社会对儿童权利的保护从理念倡导正式迈入制度化与规范化的阶段。自此，一系列具有法律效力的政治承诺与实施方案相继出台，逐步构建起覆盖全球的儿童权益保障制度框架，为儿童友好型环境建设提供了坚实的制度支撑。

1996年，联合国儿童基金会（UNICEF）与联合国人类住区规划署（UN-Habitat，以下简称“人居署”）共同发起儿童友好型城市倡议（CFCI），这一倡议以构建儿童友好型社会为目标，提出了极具前瞻性的愿景——确保每个儿童与青年都能拥有幸福的童年与青春，在其生活的城市与社区中，平等享有各项权利，充分释放自身潜能。为将这一愿景转化为可操作的实践路径，CFCI创新性地提出“一只手框架”，涵盖五大核心目标领域：儿童在安全环境下成长的权利、平等受对待的权利、享受基本服务的权利、自由表达意见的权利及享受家人陪伴与游戏的权利。这一框架的核心要义在于，将少年儿童的福祉作为衡量健康人居环境质量、社会文明程度乃至政府治理效能的重要标尺，凸显儿童群体在城市发展中的重要地位。

联合国儿童基金会进一步指出，在成年人主导设计与建设的城市环境中，存在对儿童需求的忽视现象。城市环境中的不利因素，如环境污染、交通隐患、基础设施与公共空间不足等，对儿童身心健康造成的负面影响日益获得重视。联合国儿童基金会进行了与建成环境有关的儿童脆弱性分类（图1-1），这一分类体系为儿童友好城市建设指明了重点改进方向，也进一步凸显了儿童友好医院建设在城市公共服务体系中的重要地位。

图 1-1　与建成环境有关的儿童脆弱性分类

儿童友好医院不仅是医疗服务的提供者，更是践行儿童权利保护、推动儿童友好理念在城市空间落地的重要载体，其建设质量直接影响着儿童友好城市目标的实现程度。截至 2021 年，全球已有近 50 个国家积极响应，3 000 多个城市和社区积极参与，包括伦敦、巴黎、慕尼黑、温哥华、哥本哈根、首尔在内的 900 多座城市（社区）通过 CFCI 认证，但中国目前尚无一个城市入选。

我国作为世界人口大国，儿童人口规模庞大，约占世界儿童总人口的 13%，他们的健康成长关乎着民族复兴与社会可持续发展的长远目标。习近平总书记在第二届“一带一路”国际合作高峰论坛上提出“关爱儿童、共享发展，促进可持续发展目标实现”的合作倡议，为全球儿童事业发展注入中国智慧。在此背景下，国家发展和改革委员会与联合国儿童基金会中国办事处积极推动了“儿童友好城市”在中国的标准和工作机制的建立。《中华人民共和国国民经济和社会发展第十四个五年规划和 2035 年远景目标纲要》（以下简称《纲要》）将推进儿童友好城市建设列为重大工程，将儿童工作的重要性上升到前所未有的战略高度。《关于推进儿童友好城市建设的指导意见》（发改社会〔2021〕1380 号）进一步明确，到 2035 年，将建成约 100 个国家儿童友好城市。这一系列举措体现了从“一米高度看城市”的儿童视角出发，为儿童健康成长与发展提供适宜的条件、环境和服务，已经成为全社会的共同责任（图 1-2）。

并且，国家卫生健康委员会印发的《健康儿童行动提升计划（2021—2025 年）》明确指出，儿童医院、综合医院儿科、基层医疗卫生机构以及妇幼保健机构共同构成了儿童友好医院建设的主体，在健康儿童行动中承担着为儿童提供具有人文关怀的医疗保健服务的重任。这既呼应了儿童友好城市建设对医疗公共服务的要求，也彰显了我国在保障儿童健康权益方面的智慧创新。

图 1-2　儿童友好医院建设的政策发展背景

1.1.2 创建儿童友好医院存在环境建设短板

我国尚处于儿童友好型城市建设的初期阶段，大量已建成的各类儿童医疗服务机构的空间环境还不能满足“一米世界”视角下对儿童就医时特殊关爱的需求。截至 2021 年，我国有儿童医院 228 家，综合医院儿科门诊 6 947 个、妇幼保健机构 3 052 家以及近 100 万个基层医疗卫生机构。应该说，在保障儿童就医的“量”的补足方面有了长足进步，但在儿童友好医院建设方面尚处于探索与实践之中，存在主要问题有：① 目前儿童就医环境还不能满足儿童的要求，空间环境营造的重要性体现在，儿童在踏入医院就医的那一刻就已经留下初印象，一个具有趣味性且儿童喜欢的元素，可以拉近医院与儿童的距离，减少儿童的陌生感，让儿童更快融入医院环境；② 医院仅在与儿童相关的区域进行生理尺度方面的设施考虑，未将儿童的情感融入其中，没有充分考虑儿童的心理精神需求；③ 由于儿童的特殊性，其陪诊的人员较多，导致医院公共空间的拥挤；④ 当前一些儿童友好的建设方式过于简单，对空间进行卡通贴图装饰成为表征儿童友好的主要手段，尚缺乏能够满足儿童多样性诉求的精细化策略方法。

近年来，学者们就如何结合儿童有别于成人的差异性空间环境偏好，对国外儿童医院案例中能够反映儿童心理与行为特征的设计策略进行了一系列的总结介绍，为以环境设计来消除儿童在就诊过程中出现的无聊情绪、孤独与恐惧心理提供了部分策略参考。同时，采用儿童友好型设计策略的医院空间环境，能够有效减轻儿童就诊过程中的焦虑感，已获得证实；在满足医疗功能需求的基础上，结合儿童身体、心理诉求来进行儿童就医场所的空间环境设计以促进儿童康复，已成为国际代表性儿童医院案例的共同特征。

可以发现，现有相关研究主要集中于儿童就诊环境中的部分指标要素对儿童就诊过程中的心理行为影响以及个案的适儿化策略方法介绍等，但这些研究还未形成系统性建设理论与方法，且对儿童就医全过程的心理与行为诉求把握尚不足，难以充分保障建设策略的针对性和有效性。

针对量大面广的儿童医疗服务机构建设现状，如何通过适儿化更新建设，塑造更加有温度、有情感的医院环境，是当下儿童友好医院建设面临的主要问题，影响着我国儿童友好城市型建设和健康儿童行动的顺利推进。

1.1.3 儿童友好医院建设行动

目前，在大力推进儿童友好型城市建设背景下，深圳、上海、长沙、苏州等城市都在积极推动儿童友好医院建设。苏州市委、市政府高度关心支持儿童友好发展工作，将儿童友好城市建设工作纳入了《苏州市国民经济和社会发展第十四个五年规划和二〇三五年远景目标纲要》，力图通过打造儿童友好城市“苏州范本”，实现人居环境的高品质提升与家园生活的美好缔造，增进儿童福祉，不断增强人民群众的获得感、幸福感和安全感，向世界展示社会主义现代化的“最美窗口”。

根据《苏州市第七次全国人口普查公报》数据，截至 2020 年，苏州市常住人口为 1 274.83 万人，0—17 岁儿童总人口为 198.50 万人，占比 15.6%，其中 0—14 岁儿童人口数量为 172.72 万人，占比 13.55%。城市总人口和儿童数量的增长，对苏州市的社会治理，以及城市基础设施的建设供给，提出了更高标准的要求。为深入推进儿童友好型城市建设，苏州市妇女联合会、市政府妇女儿童工作委员会已在全市开展“儿童友好型试点项目”建设，以积极营造政策友好、服务友好、人文友好、空间友好的儿童健康成长环境。苏州市儿童友好医院项目启动仪式已于 2020 年 6 月 1 日在苏州市儿童医院正式启动，这是医院融入儿童友好城市创建的重要举措，是苏州市儿童友好城市创建的重要序幕。

2021 年苏州市发布的《苏州市建设儿童友好城市战略规划（2021—2035 年）》明确将儿童友好医院建设纳入儿童友好城市建设的核心内容，要求从均衡布局优质儿科医疗资源、改善儿童就医环境质量、促进儿童体质和心理健康等方面完善儿童健康的医疗服务。规划同步制定具体的建设指标：各市区建有至少一所标准化妇幼保健机构，2025 年前市区儿童友好医院达 15 所，2030 年前市区儿童友好医院达 30 所，到 2035 年市区开设儿科的医院均需达到儿童友好医院标准。并将选取市区范围内的可提供儿科诊疗服务的医院和基层医疗卫生机构，作为儿童友好医院示范试点项目，进而形成可复制经验以推广应用。

结合儿童友好城市建设要求，在儿童友好医院建设中应重视儿童参与、倾听儿童诉求、保障儿童权益，为儿童就医提供适儿化的医疗环境，让每个儿童都有权获取高质量的医疗服务，提升儿童福祉，优化儿童成长环境，促进儿童健康快乐成长。

1.2 儿童友好医院建设研究经验

1.2.1 儿童友好医院建设理论研究

研究发现，国内外对于儿童友好医院的研究主要强调：① 儿童与成年患者对于医院空间环境需求的差异性。多数研究从儿童的生理和心理两方面出发探索医院场所中儿童友好的空间环境设计，研究表明儿童对于医院空间环境存在针对性的需求，不管是生理或是心理层面都与成年患者存在较大的差异性；② 医院的空间环境也会塑造儿童的就医感受，不同的空间尺度、色彩等都会影响儿童的就医体验。

当前关于儿童友好医院的建设策略研究，主要聚焦于医院空间中的儿童活动空间、室外景观活动空间、公共交通空间、候诊空间等空间场景建设。既有研究表明，儿童医院适儿化改造应关注以下相关内容：在空间环境设计层面，遵循“小尺度化”原则，通过建设亲近自然的绿化景观环境、丰富室内空间色彩、提供儿童活动场所、布置趣味图案装饰、营造家庭化氛围等策略，建设符合儿童心理认知的诊疗环境，可以有效缓解儿童就医过程中的不良心理状态；在交通组织层面，应注重流线合理性与空间导向性，通过舒适的步行交通空间组织和清晰明确的标识引导系统设计，创造舒适便捷的儿童就医环境；在医疗服务层面，强调提供“有温度的诊疗服务”，尤其关注大病患儿及困境儿童群体，从“一米高度看世界”的儿童视角和“童趣空间”营造理念出发，进行系统性就医体验优化。学者们围绕适儿化空间建设开展的多样化探索（表 1-1），为儿童友好医院建设提供了基础理论支撑。并且，有研究指出，提供安全、便捷、舒适与充满童趣的外部空间环境的适儿化建设的共性需求，在室内环境中对儿童活动空间、较好的通风采光、防滑及软质墙/地面材料、儿童专用卫生设施、丰富的色彩等设计措施需求程度较高①。

① 夏正伟，丁小雪，王轩轩，等. 走向儿童友好医院：背景、理念与路径［J］. 建筑学报，2023（S2）：101-107.

表 1-1　医院空间环境适儿化研究相关文献整理

文献名称及作者	关键词	主要内容
生态，趣味，人性化儿童医院设计——以澳大利亚两所经典儿童医院为例（张文宇等，2016）	绿色生态、趣味性、人性化	“人性化”“趣味性”的设计可以为患儿打造良好舒适的治疗环境
场景的再现——辛辛那提儿童医院公共空间设计（王珊等，2017）	医院空间场景营造、提升整体效率、消除形象壁垒	适宜的层高、舒适度步行系统、注重色彩的对比、易于调和的天然材料、引入绿植、置入墙面展示功能、趣味导视系统、半围合领域、皮质或木质候诊椅
基于感觉统合理论的儿童医院公共空间环境设计——以芝加哥安与罗伯特·卢里儿童医院为例（吴曼，2020）	感觉统合理论、公共空间、环境设计	儿童医院的公共空间环境设计除了需要考虑其应具备的功能之外，也需要关注患儿的心理需求。通过环境设计可以减少患儿对医院的恐惧心理
Social spaces for young children in hospital（Lambert et al.，2014）	医院社交空间	儿童希望将休闲和娱乐设施整合到医院空间，来减少孤立感。儿童对于友好空间环境的理解是有限的
The role of hospital design in reducing anxiety for pediatric patients（Cartland et al.，2018）	绿色空间	亲近绿色景观对于患儿就医的重要性
为儿童而设计——以首都儿科研究所附属儿童医院通州院区方案设计为例（张铭琦等，2021）	儿童特色塑造	色彩和图案创造的医疗环境、儿童游乐设施的布置、充满生机的自然景观、自然的采光与通风
浅谈基于色彩心理学的儿童医院空间设计（付列武等，2020）	色彩心理学、空间环境	色彩设计是医院空间的重要部分，合理运用色彩可以有效缓解儿童不良心理状态
Effect of landscape design elements on promoting neuropsychological health of children（Allahyar et al.，2021）	绿色空间、疗愈花园、心理健康	儿童医院环境中一个理想的绿化空间可以改善儿童的身体和神经心理状况，儿童医院的童趣空间和水景元素对儿童的神经心理指标会产生积极影响

续表

文献名称及作者	关键词	主要内容
视觉心理效应在儿童就医环境中的应用（王沛，2014）	视觉心理效应、就医环境	视觉心理效应在医疗环境设计中的应用可以给儿童的治疗带来良好的效果。在儿童医院环境的设计中，融入视觉心理效应，有利于儿童的身心健康发展
Children and young people's preference of thematic design and colour for their hospital environment (Coad et al., 2008)	儿童和青少年、医院空间环境	对于医院空间色彩的选择，儿童更倾向于中等和浅色；在医院主题选择上，儿童偏向于水下或海上环境
Kids' perceptions toward children's ward healing environments a case study of taiwan university children's hospital (Woo et al., 2016)	儿童病房、康复空间	儿童不满意当前病区的人际交往空间。相较于更年长的儿童来说，年幼的儿童更容易接受治疗环境
儿童医院公共就诊空间人性化设计研究（巩永康等，2018）	公共就诊空间、人性设计	更新策略有空间设计小尺度化、色彩设计多样化、光声环境优质化、标识系统童趣化、活动空间趣味化等
关于儿童医院的空间设计研究（王元哲，2017）	儿童心理、安全性、趣味性	简洁的流线、清晰的分区、简单的导视、柔软原生态的材质、夸张或有趣的造型、鲜艳明亮的色彩、医疗器械造型改变、提供儿童娱乐场所、家庭化设计
The impact of art, design and environment in mental healthcare: a systematic review of the literature (Daylin et al., 2008)	艺术设计、心理健康、环境	医疗环境中接触艺术品可以减少焦虑和抑郁
Post-training and mentorship experiences of KidzAlive-trained healthcare workers at primary heslthcare facilities in KwaZulu-Natal, South Africa (Mutambo et al., 2018)	以儿童为中心的护理	改变初级的卫生保健环境，使其更加关爱儿童

续表

文献名称及作者	关键词	主要内容
亲近自然的绿色儿童医院——墨尔本皇家儿童医院（祝捷等，2016）	环境心理学、景观设计、建筑布局	设计需要将人的心理和生理放在首位，通过与景观环境和自然景物的互动，实现人与建筑、自然在精神上的和谐统一
纳尔逊·曼德拉儿童医院景观（GREENinc 景观设计事务所，2017）	“绿化”空间	不同种类的景观庭院空间

当前，针对儿童就医过程中的多样化的生理与行为诉求，进行就医空间环境的适儿化更新，已逐渐成为儿童友好医院建设的共识。然而，为儿童提供就医服务的医院存在多种类型，不同类型的医疗卫生服务机构在所承担的儿童医疗服务功能方面也存在差异性，如相对于儿童医院医疗服务功能的综合性，社区卫生服务中心更侧重于预防接种、健康体检与常见病诊疗，综合医院的儿科则以提供儿童常见病、多发病诊疗为主，同时不同类型的医疗卫生服务机构在空间环境组织方面也存在差异性。厘清不同类型医疗服务机构适儿化建设的重点，有助于推动儿童友好医院的建设与发展。

1.2.2 儿童友好医院建设实践研究

随着儿童友好医院建设理念的深入人心，多地开展建设儿童友好医院的规划与实践。目前，儿童友好医院相关的建设指引正在陆续出台完善。

1. 相关儿童友好医院设计指引

各地开展儿童友好医院建设的同时，出台了相关建设指引，对儿童就医环境的适儿化更新建设进行实践指导。大部分文件针对相关空间，提出了适宜的适儿化更新策略，其具体的优化措施可总结为以下几点：① 交通空间：采用防滑材料、人车分离等方式保障儿童步行安全；设置指向性明确的标识系统，便于儿童寻路。② 景观空间：形成绿化景观空间；不种植有毒、有刺等可能危害儿童健康的植物；结合交通空间、休憩空间、活动空间一起布置。③ 空间装饰：采用丰富的色彩，选用适宜的暖色调或浅色调；进行儿童主题设计或趣味元素装饰。④ 人性化设施：儿童专用医疗空间、卫生间儿童专用设施等；设施材料安全绿色。⑤ 儿童活动空间；布置趣味儿童活动设施，结合布置家长休憩区等。具体内容见表 1-2。

表 1-2　建设实践指引整理表

名称	发布年份	原则	空间环境相关主要策略
《深圳市儿童友好型医院建设指引（试行）》	2018	安全 绿色 趣味 人性化	**候诊空间**：装修装饰清新活泼、暖色调、降噪措施、采光通风、结合游乐设施
			室内活动空间：趣味元素装饰、结合家长休憩座椅、材料设施安全性
			室外活动空间：创意适宜的游乐设施、设置休憩处、地面装饰、种植植物
			标识系统：清晰明确
			洗手间：儿童专用设施
《苏州市儿童友好医院建设指引（试行）》	2021	儿童优先 儿童参与 儿童为本 因地制宜	**室外交通空间**：临时上下客区、与交通站点联系便捷、步行空间连续安全无障碍
			室外休憩活动空间：结合绿化、防滑地面、材料安全
			室内诊疗空间：家具设施人性化、暖色调或低饱和色彩、儿童专用输液室
			候诊空间：通风采光良好、空间趣味装饰、婴儿车停放区
			儿童活动空间：活动设施合理、结合绿化、营造温馨舒适的趣味空间、设施安全
《嘉兴儿童友好医院创建指引（试行）》	2023	政策友好 服务友好 空间友好 权力友好 环境友好	营造温馨活泼的空间和标识系统；布置儿童作品；装饰符合儿童生理特征；配置游戏设施；打造温馨的休憩场所；优化母婴服务配套设施；装饰材料绿色环保

续表

名称	发布年份	原则	空间环境相关主要策略
《上海市儿童友好医院建设指引（试行）》	2024	儿童视角，儿童优先服务先行，融合发展人文友爱，温馨便捷因地制宜，创新引领	**空间装饰：**多样化色彩、舒适材质、儿童元素
			专用设施：儿童优先窗口、专用就诊室、卫生间专用设施等人性化设施
			玩耍空间：提供游乐设施、定期消毒维护
			交通空间：保证步行安全舒适、人车分离、即停即走通道

2. 儿童友好医院设计实践案例

目前国内外已有大量儿童友好医院的实践案例，对这些案例进行综合分析，发现其具体策略主要包括：① 形成丰富的景观空间并结合其他功能空间布置，如纳尔逊·曼德拉儿童医院，该医院整体景观由五个内庭院和五个外庭院组成，设置了包括游客花园、儿童花园、感官花园、康复治疗花园等多样化的室外休憩与活动空间，并且与相关的医疗程序相呼应；② 建筑立面点缀色彩或结合灯光布置，如佛罗里达莫尼儿童医院，结合 LED 灯光在夜晚塑造了亮丽的建筑形象，让整个建筑充满亲切感；③ 通过使用浅色或使用木质材料、创造适宜的空间尺度等方式，营造充满熟悉感、温馨感的空间，如泰国 EKH 儿童医院在候诊空间多使用暖色调及使用木质材料或木质纹理家具，营造出温馨的空间氛围；④ 通过儿童游乐设施、进行主题式空间设计等方式，结合色彩，用童趣元素等进行趣味装饰。如苏大附属儿童医院心脏中心，通过整体的米色风格搭配红色及蓝色进行装饰，同时结合墙面形成趣味儿童活动空间。

可以发现，多样性的实践探索逐渐形成了一些共性的设计指导原则：① 应在保障儿童安全与便捷就医基础上，提供舒适的室外空间环境；② 应营造出温馨、熟悉的就医空间氛围，可结合暖色及浅色调、布置木质家具等方式来实现，有助于放松儿童的心情；③ 设置富有趣味的儿童活动空间，可使用亮色点缀，用动物、自然等元素进行装饰，提供儿童活动设施等方式，转移儿童注意力并缓解其不良心理状态；④ 应完善适儿化设施，如设置卫生间的儿童坐便器、儿童洗手台等，满足儿童在就诊过程中的多样化诉求。

1.3 相关概念界定

1.3.1 适儿化/儿童友好

儿童群体年龄界定，按照《儿童权利公约》以及《中华人民共和国未成年人保护法》的规定，18 岁以下的任何人均为儿童。在医学上认为 14 岁以下人群为儿童，儿科的研究对象一般是 14 岁以下的儿童。所以当前研究确定 14 岁以下人群为儿童。

适儿化即是在儿童友好的理念下，创造符合儿童生理与心理特征需求的空间环境，儿童友好（Child-friendly）这一概念是 1960 年在心理学和教育学领域提出的，其含义是指对儿童友好、保障儿童合法权益不受侵犯、充分考虑儿童生理和心理需求、为儿童提供适合其健康成长的物质与人文环境。后被列入 1989 年《儿童权利公约》中，《儿童权利公约》通过并具有法律效力后，国际社会对儿童权利的保护便有了一系列的政治承诺和实施方案。儿童友好型城市倡议是联合国儿童基金会（UNICEF）和人居署（UN-Habitat）于 1996 年提出的倡议，其核心观点是将少年儿童的福祉作为评判健康人居环境质量、社会文明程度和政府治理水平的标准。联合国儿童基金会执行主席卡罗尔·贝拉米（Carol Bellamy）提出“儿童不仅是我们的未来，也是我们的现在，是时候认真倾听他们的需求了”。查特吉（Chatterjee）总结不同观点后指出，“儿童友好”指儿童生活在一个健康舒适、受到保护、关心以及不受歧视的社会环境中。

1.3.2 儿童友好医院

儿童友好医院是指在医院建设中充分考虑儿童群体的特殊性，以儿童的视角规划和建设医院，在诊疗服务中以及诊疗外的健康服务中充分满足儿童的权益与需求，保障儿童安全就医的物质环境和人文环境，为儿童就医提供安全、有趣、舒适的物质与人文环境的医疗机构。

1.3.3 室内外空间环境

室内外空间环境包括医院室内空间环境和医院室外空间环境两个

部分。

医院室内空间环境是指儿童在医院就医时接触到的建筑内部空间场所，包括诊疗空间、非诊疗公共空间等。一个安全温馨、舒适自然的室内空间环境，可以提升儿童的就医体验，减轻病痛的困扰，缓解心理压力。

医院室外空间环境是医院基地范围内实体建筑以外的建成环境，包括广场、绿地、道路、庭院等。医院室外空间环境不仅具有塑造医院形象，给人们提供交流休憩的作用，还具有辅助医疗等功能。

1.3.4 诊疗与健康服务

诊疗是指医疗机构为患者提供的医疗服务，包括各种检查、诊断和治疗。医院作为专业的医疗机构，拥有各种先进的诊疗设备与技术，以及专业的医疗团队，能够为患者提供精准、全面的诊疗服务。

医院诊疗作为保障人民健康、促进社会发展的重要组成部分，不仅可以治疗患者的疾病，更能够预防疾病的发生，提高人民的健康水平和生命质量。此外，医院诊疗还能为科学研究提供丰富的数据和样本，进而推动医学进步。

健康服务是指在医疗保障体系中，除了医疗服务以外的预防、保健、康复等多方面的服务，包括健康咨询、健康评估、健康教育、健康管理等多个方面。作为医疗保障体系中不可或缺的一部分，健康服务贯穿于从预防到康复的各个环节，旨在提高人民群众的健康意识和健康水平，减少疾病风险，改善患者生活质量。其作用主要是补充和完善医疗服务，为人民群众提供更加全面、系统的服务。同时，健康服务还能够降低医疗成本，提高医疗资源的利用效率，为医疗保障体系的发展和完善做出贡献。

对于儿童的诊疗与健康服务，主要是指医院为儿童提供的人文关怀类服务项目，除了儿童一般就诊所包含的内容，还包括科普宣教、人性化诊疗与公益服务等。

1.4 结　语

本研究聚焦于儿童友好城市建设和健康儿童行动中的核心议题——如

何进行儿童友好医院建设。《纲要》将推进儿童友好城市建设列入了重大工程，儿童友好医院是儿童友好城市的重要建设内容。儿童医院、综合医院儿科、基层医疗卫生机构以及妇幼保健机构等组成了儿童友好医院建设的主体，在健康儿童行动中承担着为儿童提供具有人文关怀的医疗保健服务的重任。然而，大量已建成的儿童就医环境难以满足儿童心理特征与行为活动诉求，如何为儿童就医提供更有温度、有情感的医疗环境，是当下儿童友好医院建设面临的主要问题，影响着我国儿童友好城市建设和健康儿童行动的顺利推进。

第二章

理论基础：儿童就医行为与环境

在生物-心理-社会医学模式的视角下，健康与疾病是由个体的生物因素、心理状态和社会环境共同作用的结果。为了实现医疗的全面性，现代医疗建筑应注重创造一个充满人文关怀的空间，这不仅减轻了高科技医疗的冷漠感，还促进了技术进步与患者情感需求之间的和谐，从而提升医疗服务的质量和患者的整体福祉。儿童在就医过程中除了疾病本身带来的身体不适外，还可能在医疗空间环境中产生焦躁、恐慌等情绪，相对于成人而言，儿童更需要人性化的就医空间环境。并且，世界卫生组织 2018 年提出的改善儿科照护质量的框架中指出，应通过改善医疗照护服务供给与体验、儿童友好资源的可用性等体现出对儿童情感与心理的尊重、保护和支持，以促进儿童健康。儿童友好的空间环境设计应该满足儿童入院就医全过程中的特殊需求。

医院的就医空间环境作为儿童就医行为的核心载体，不仅承载着诊疗过程中儿童的心理体验与生理活动，更直接影响着儿童就医行为模式。儿童就医环境由室外空间环境、室内空间环境及医疗服务等共同构成，鉴于医疗服务侧重诊疗技术与健康干预范畴，本章聚焦于空间环境要素的研究，暂不展开医疗服务体系的探讨。儿童就医行为与空间环境之间存在显著的关联性影响，就医环境不仅关系到儿童的生理舒适度，更通过感官体验影响其心理情绪状态，进而影响就医过程中的配合度与适应性。因此，本章将通过开展儿童就医行为与就医环境关联影响的理论分析（图 2-1），为后续适儿化环境设计策略的研究构建理论支撑。

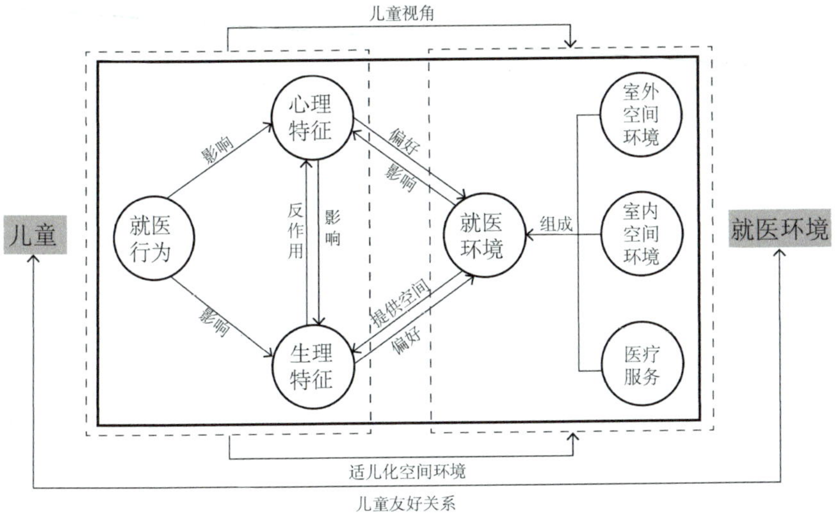

图 2-1　就医行为与就医环境关系图

2.1 儿童就医行为特征与偏好

2.1.1　儿童对医院空间环境的体验

儿童对医院空间环境的体验包括感觉和知觉两方面。感觉是人脑对客观事物的个别属性的反映，如颜色、形状、大小、质感、气味、声音等。感觉主要是通过感觉器官对外部信息的接受和反映，包括视觉、听觉、味觉、触觉等方面。知觉是大脑对包括各种属性在内的客观事物整体的一种反映，并能知道所反映事物的意义。儿童对医院空间环境的认知和感受不仅受到客观事物的影响，而且受到主观心理变化的影响，所以在进行医院空间环境设计时需要考虑到儿童特殊的心理变化，以达到吸引儿童注意力、分散其候诊及就诊过程对疾病的关注的目的。

2.1.2　儿童的就医特征

儿童在就医过程中除可能需忍受疾病本身带来的痛苦与不适之外，还需要面对漫长无聊且嘈杂的候诊过程、陌生的医院环境和治疗方法等，儿童可能会在医院环境中产生焦躁不安与恐慌等不良心理状态。

徐青萍、刘建军研究发现新生儿对于环境感知敏感，夏天怕热，冬天怕冷，且非常需要关怀与母爱①。程丽娟研究发现婴幼儿习惯于熟悉的家庭环境，面对医院环境可能会感到陌生和害怕；学龄前儿童在患病时会更加依赖父母，情绪波动较大；而学龄儿童的好奇心以及逆反心理会变强。这些不良心理状态，会伴随儿童的整个就诊过程，甚至会使其产生恐惧与反抗情绪②。且当前，针对儿童友好设计的医院空间环境可以减轻儿童就诊过程中的抵触、焦虑等负面情绪也已获得证实。

所以，儿童在医院空间中就诊需要同时考虑到室内外空间环境、儿童及其行为，通过对儿童的心理层面、生物层面、社会层面的人文关怀，以及对其心理行为及活动行为状态的考量，再结合医疗机构的室内外空间环境，打造儿童友好医院空间环境（图 2-2）。

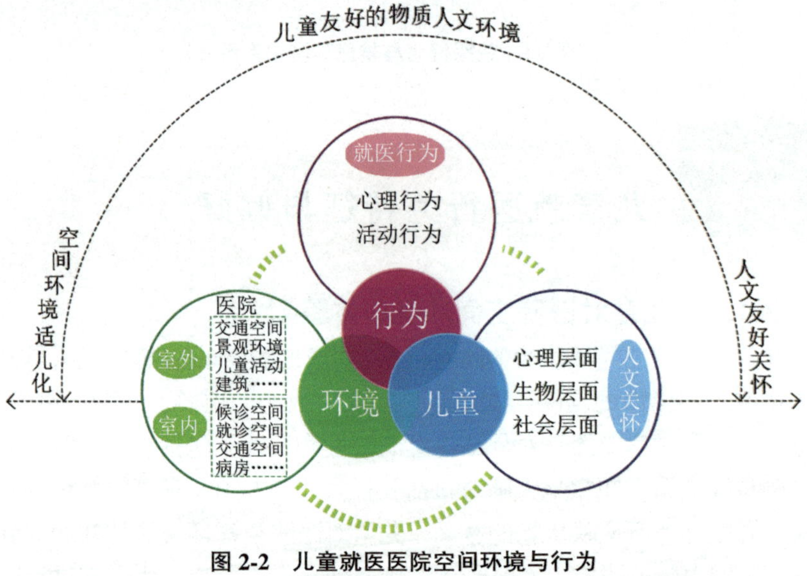

图 2-2 儿童就医医院空间环境与行为

如图 2-3 所示，儿童在医院的就医过程主要包括从交通到达、进入医院、咨询与分诊、挂号、候诊、就诊、缴费、取药到离开医院等一系列流程，不同的行为对应着不同的空间，以及可能产生的心理行为特征与活动

① 徐青萍，刘建军．儿童医院就诊患儿的心理护理特点［J］．实用医技杂志，1999（10）：802.

② 程丽娟．心理护理在儿科临床护理中的应用［J］．当代护士（专科版），2010（S1）：59-60.

行为特征，如儿童候诊对应医院的候诊空间，主要涉及的活动行为特征有休憩等候、儿童活动等，并且会伴随陌生感、恐惧感、依赖心理及寂寞感等心理行为特征。

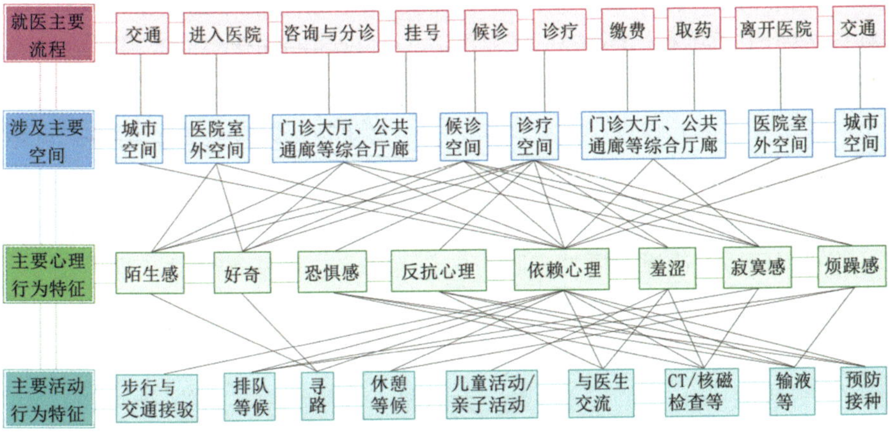

图 2-3 儿童就医过程中主要心理与活动行为特征

因此，其适儿化建设需要以医院空间环境塑造应对儿童就医流程中可能出现的不良心理行为特征，满足儿童就医过程中多样性行为活动对空间环境的诉求，提升儿童的就医体验。

综上所述，整个医院空间环境的儿童友好建设，应处处围绕儿童就医等行为展开，以缓解患儿的精神压力，提高患儿的康复质量，同时充分尊重儿童就医生理与心理特征，将人文精神贯穿于儿童就诊的所有环节中，在保障预防保健与临床诊疗等功能的基础上，为儿童提供安全、趣味、舒适的物质环境与人文环境。

2.1.3 儿童的行为偏好

倾听儿童的声音并探索他们对医院空间环境建设的关注点和诉求具有重要意义。但多数儿童医疗机构的空间环境设计往往依赖于成年人对于儿童群体需求的假设，较少有从儿童的视角出发去探索医院的空间环境建设。目前已有研究表明儿童所认为的医院空间环境设计中的重点与看法和成年人截然不同①。

---

① Birch J, Curtis, P, James A. Sense and sensibilities: in search of the child-friendly hospital [J]. Built Environment, 2007, 34 (4): 405-416.

对于儿童友好医院空间环境，兰伯特（Lambert）等研究发现儿童期望医院空间环境中设置休闲与娱乐活动设施，来减少孤立感①；付列武、戴茜等研究总结出儿童对不同空间的色彩有偏好，可以缓解儿童不良的心理状态；阿拉亚尔（Allahyar）等研究发现儿童希望在医院空间环境中接触自然环境，如绿化水景空间，在创造一个理想的绿化空间改善身体与心理状态②等方面儿童有着不同的需求。

具体来说，儿童喜欢富有创造力、多样化色彩以及有安全感的空间环境。色彩是对人体感官影响最大的因素之一，尤其是儿童，他们在观察事物时，最先注意到的是物体的色彩，其次才是形状等方面的内容，儿童在医院空间环境的选择上更加青睐于蓝色和绿色，在医院整体主题营造上，偏向于营造出能够亲近自然的环境氛围。③

同时，对于儿童来说，空间中提供让他们玩耍、社交的场所是非常重要的。玩耍不仅让他们觉得有趣，而且是一种生活中寻常的、熟悉的、可以平衡情绪的活动。儿童渴望在医院专用活动空间或融合进其他场所的娱乐设施中进行活动。但是目前医院中这些场所的建设未能满足儿童此项需求，儿童对其满意度也相对较低④。

儿童作为具有独特心理发展规律和阶段性行为特征的群体，其就医行为不仅体现生物医学需求，更是一个融合环境感知、情感互动与认知发展的多维过程。他们对于就医空间的环境氛围、空间色彩、场所功能等都有着属于他们自己的认知方式和要求。完整的儿童就医行为应包含双重维度，在显性层面完成医学检查和康复治疗流程，在隐性层面实现环境认同感的建立，是他们天性得到尊重和释放的过程。

---

① Lambert V，Coad J，Hicks P，et al. Social spaces for young children in hospital［J］. Child：care，health and development，2014，40（2）：195-204.

② Allahyar M，Kazemi F. Effect of landscape design elements on promoting neuropsychological health of children［J］. Urban Forestry & Urban Greening，2021（65）：1-11.

③ Coad J，Coad N. Children and young people's preference of thematic design and colour for their hospital environment［J］. Journal of child health care，2008，12（1）：33-48.

④ Woo J C，Lin Y L. Kids' Perceptions toward Children's Ward Healing Environments：A Case Study of Taiwan University Children's Hospital［J］. Journal of Healthcare Engineering，2016：1-10.

2.2 就医环境与儿童就医

2.2.1 医学模式变化对儿童就医环境的影响

医学模式可以简单地理解为人们在某个框架或指导原则下去理解和治疗疾病，而采用何种医学模式在一定程度上取决于当时的医疗技术、社会经济、科学文化等因素①。建立在现代生物学之上的生物医学模式，由于其存在忽视人的心理因素和社会属性等问题，正在向以系统论方法为基础的生物-心理-社会医学模式转变（图2-4），即需要从生物、心理和社会三个方面对疾病预防、诊断、治疗与预后等环节进行系统性干预②，这为当下儿童友好医院环境建设提供了重要的理论基础。

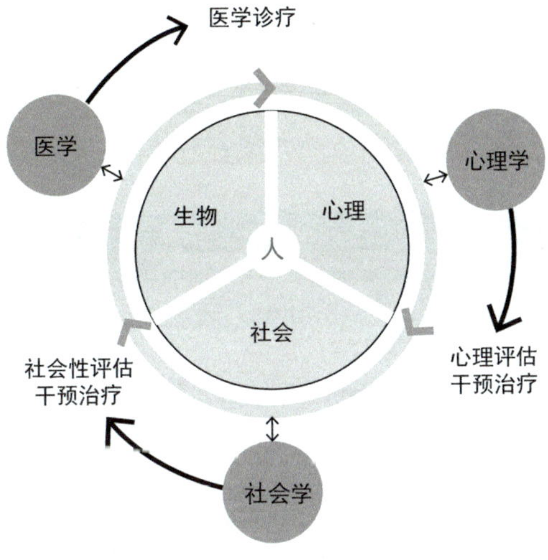

图 2-4 生物-心理-社会医学模式

世界卫生组织在2018年发布的相关文件中，基于儿童健康以及身体、心理、发展与沟通的需求与成年人的差异性，提出了改善儿科照护质量的

① 刘月树.“生物心理社会医学模式”理论的历史与现实——以恩格尔为中心的学术史考察［J］. 科学·经济·社会，2018，36（2）：18-25.

② 杜治政. 生物-心理-社会医学模式的实践与医学整合［J］. 医学与哲学（人文社会医学版），2009，30（9）：1-5.

框架（图2-5），以充分保障儿童在情感与心理上得到尊重、保护和支持，并促进儿童能依据自身状况，有意义地参与活动。在这个儿科照护质量提升框架中，将影响儿童与青少年照护质量的因素分为三个类别，包括照护服务供给、照护服务体验、儿童与青少年友好资源的可用性等。其中，儿童与青少年友好资源的可用性与当下儿童友好医院建设密切相关。这些标准的设立并不是为了取代那些关注人的生物机能的临床诊疗指南，而是希望通过高质量的照护来满足儿童与青少年的情感与心理诉求，以更好地保障他们的健康。

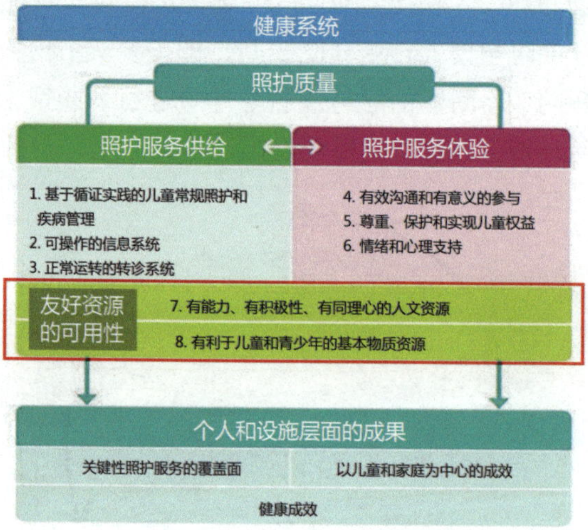

图2-5　世界卫生组织关于改善儿科照护质量的框架

在系统性保障儿童健康的客观需求下，需要结合生物、心理和社会等方面进行综合性干预，塑造适儿化的系统性就医环境，以高质量的照护满足儿童情感与心理诉求，以就医环境支持促进和保障儿童的健康。

因而，在生物-心理-社会医学模式下，如何结合儿童就医流程探索儿童友好空间环境的优化建设，充分保障儿童友好资源的可用性，体现对儿童的人文友好，是当下儿童友好医院建设的关键切入点。

2.2.2　医院空间环境对儿童就医的影响

医疗建筑，和其他类型建筑物一样，既是由人塑造的，同时又能够塑造使用者的行为与感受，所以医疗建筑的空间环境的建设十分重要。医院空间环境主要涉及儿童就医的空间，包括交通空间、候诊空间、活动空间以及就诊空间，其中交通空间联系着各个区域，起到组织交通的作用，主要包括门诊大厅、公共厅廊、室外道路广场等区域，承担着人们的通行交通行为，有时候还会有儿童与家长在此等候。候诊空间主要包括医院室内外的就诊等候区，供儿童与家长休息、等待医生问诊和医疗检查等。活动空间主要指单独划分出来的区域或房间，专门供儿童进行阅读、玩耍等活动，同样也包括了室内和室外两部分。就诊空间主要包括门诊诊室、医疗检查室以及病房空间，承担着儿童前期问诊到后期接受治疗的整个就诊过程。

研究表明，医院中不适宜的空间环境会对儿童就医产生不利影响。比如，医院采用大面积的白色或其他浅色墙面以及不锈钢的医疗器具等来追求空间环境的整洁和卫生，会使得身处其中的儿童感到压抑且陌生，无法从中感受到轻松、舒适和快乐等情感氛围，导致就诊的儿童产生心理负担，害怕医生及诊疗过程，逐渐形成较强的抵触医疗的情绪。

近年来，国内外研究更加强调儿童对于医院环境设计的偏好与成人不同，尤其是年龄较小的儿童，因此医院在设计时需要充分考虑儿童的特殊性①。并且，很多优秀的儿童医院案例中都表现出其不再仅仅是一个治疗疾病的场所，也是关注患儿的心理需求和社会需求的安静、温暖、充满童趣的医疗空间。儿童在就医时，医院中的空间环境会无形地影响着儿童，空间的大小、家具或墙面的色彩、房间的分割方式、灯光等，都会给儿童带来不同的体验。

以儿童友好为中心进行医疗建筑空间环境设计可以减少儿童在就医期间的不良心理情绪②。目前的研究主要涉及医院中的景观绿化、空间色彩、艺术环境等，儿童医院中的童趣和水元素景观对于儿童患者的神经心理指标会产生积极的影响③；丰富的色彩可以给儿童极大的心理安慰④；

---

① Birch J, Curtis P, James A. Sense and sensibilities: in search of the child-friendly hospital [J]. Built Environment, 2007, 33 (4): 405-416.

② Cartland J, Ruch-Ross H S, Carr L, et al. The Role of Hospital Design in Reducing Anxiety for Pediatric Patients [J]. Herd, 2018, 11 (3): 66-79.

③ Allahyar M, Kazemi F. Effect of landscape design elements on promoting neuropsychological health of children [J]. Urban Forestry & Urban Greening, 2021 (65): 1-11.

④ Coad J, Coad N. Children and young people's preference of thematic design and colour for their hospital environment [J]. Journal of child health care, 2008, 12 (1): 33-48.

儿童在医院环境中接触到艺术装饰可以减少焦虑和抑郁等情绪。

因此，一个优秀、舒适的儿童医院就医环境对于儿童心理感受和身体健康情况有着积极的影响，反之则可能使儿童产生排斥心理，影响环境认同感建立，不利于病情好转。①

2.3 结语

儿童有着不同于成人的空间环境偏好，采用儿童友好设计策略的医院空间环境能够有效减轻儿童在就诊过程中的焦虑感，这一点在相关研究中已获得证实；并且，在满足医疗功能需求的基础上，结合儿童身体、心理诉求来进行儿童就医场所的空间环境设计以促进儿童康复，已成为国际代表性儿童医院案例的共同特征。特别是在生物–心理–社会医学模式下，需要结合生物、心理和社会等方面的综合性干预，通过系统性的适儿化环境建设，保障儿童健康。

---

① 吴曼. 基于感觉统合理论的儿童医院公共空间环境设计——以芝加哥安与罗伯特·卢里儿童医院为例［J］. 装饰，2020（10）：138–139.

第三章

现实诉求：儿童就医环境现状与适儿化发展

3.1 儿童就医环境的基本情况

《健康儿童行动提升计划（2021—2025年）》指出，儿童医院、妇幼保健机构、综合医院、基层医疗卫生机构（社区卫生服务中心、乡镇卫生院等）等多种类型医疗机构共同承担了保障儿童健康的重任，是开展儿童友好医院建设的主体。

社区卫生服务中心、乡镇卫生院是为儿童提供医疗、健康教育与预防保健的基层医疗卫生机构，与社区空间联系较为紧密。与儿童就诊相关的科室主要有儿童保健科、预防接种科、儿童全科门诊、中医科、输液室等。

综合医院具有多个医学分科，是针对全龄群体开展医疗、预防保健的医疗服务机构，其中儿科针对儿童提供医疗服务功能，儿科及相关联的诊疗科室与公共空间环境应是适儿化建设研究的重点。

儿童医院，除未设置产科、计划生育科和老年病科等成人特有的专业科室外，儿童专科医院在临床科室设置、医技科室设置、相关设施配套等方面与一般综合医院类似。因而，儿童医院是开展儿童友好医院建设的主体中最为重要的部分，需要进行诊疗与健康服务的全面建设与优化研究。

妇幼保健机构是为妇女儿童提供健康保健、疾病预防与临床医疗的专门性医疗服务机构。服务于儿童的室内空间环境、儿童诊疗与健康服务等应是适儿化建设研究的重点。

以苏州为例，截至 2019 年末，苏州全市登记注册的卫生机构有 3 720 家（表 3-1），其中儿童专科医院、各类综合医院共计 221 家，基层卫生服务机构（含社区卫生服务中心、乡镇卫生院等）3 407 家。全市开设儿科的三级医疗机构 25 个（含中医综合医院），二级医疗机构 28 个（含中医综合医院），基层医疗卫生机构 72 个；全市开设儿童保健门诊的二级和三级综合性医院 22 个（含中医综合医院），基层医疗卫生机构 136 个，妇幼保健机构 6 个。

表 3-1　2019 年末苏州市医疗卫生机构情况

行政区划	合计	医院		基层医疗卫生机构
		小计	其中：综合医院	
总计	3 720	221	80	3 407
张家港市	468	41	21	420
常熟市	526	25	10	491
太仓市	291	12	6	270
昆山市	635	28	15	594
吴江区	446	15	5	419
吴中区	314	30	4	273
相城区	196	15	3	180
姑苏区	323	34	9	274
工业园区	303	7	1	285
高新区	218	14	6	201

3.2 儿童就医空间环境现状特征分析

儿童友好医院建设需要结合不同类型卫生服务设施与环境现状特征展开适儿化建设。为充分掌握苏州市开设儿童门诊的各类型医疗服务机构空间环境现状，研究者在 2021 年 4 月至 8 月间选择了可为其他类型提供参考的社区卫生服务中心、儿童专科医院、综合医院等 20 余所医疗机构进行了现场调研，对不同类型医疗机构与儿童就诊相关室内外空间环境现状特征、存在主要问题等进行了总结分析（表 3-2）。

表 3-2 调研医疗机构概览

	儿童专科医院	综合医院	社区卫生服务中心
相城区	—	苏州市广济医院 苏州市相城人民医院	太平街道社区卫生服务中心 高铁新城医院 元和街道社区卫生服务中心
高新区	—	苏州高新区人民医院	浒墅关镇社区卫生服务中心
姑苏区	苏州大学附属 儿童医院 （景德路）	苏州市立医院 苏州市中医医院	娄江社区卫生服务中心 锦帆社区卫生服务中心 横街社区卫生服务中心 南环社区卫生服务中心 平江新城社区卫生服务中心 桐星社区卫生服务中心 白莲社区卫生服务中心 三香社区卫生服务中心 沧浪新城社区卫生服务中心 润达社区卫生服务中心
工业园区	苏州大学附属 儿童医院（园区）	—	兆佳巷社区卫生服务中心 车坊社区卫生服务中心
吴中区	—	—	甪直镇社区卫生服务中心 郭巷街道社区卫生服务中心 吴中区城区社区卫生服务中心
吴江区	苏州市吴江区 儿童医院	苏州市吴中人民医院	同里镇社区卫生服务中心

3.2.1 儿童专科医院

1. 室外空间环境

儿童专科医院周边的公共交通较为便捷，靠近地铁站/公交站；内部停车以地下停车为主，基本实行人车分流，但因缺乏独立的临时泊客区导致入口存在人车冲突现象。医院的绿化环境相对较好，入口广场处有景观设计，同时可提供活动空间；医院注重立面形象设计，色彩丰富，多运用活泼的颜色和曲面装饰；儿童医院的交通流线组织比较清晰，有醒目的标识、清晰的空间标识引导、功能分区索引图等（表3-3、表3-4）。

表3-3　儿童专科医院室外环境现状

调研案例	交通空间	景观绿化	休息活动空间	建筑形象	其他
苏州大学附属儿童医院（园区）	与公共交通站点联系便捷，入口存在人车矛盾	景观绿化较好	结合花坛边缘设置休息空间	曲线形，有丰富的色彩	室外儿童活动空间较为隐蔽
苏州大学附属儿童医院（景德路）	与公交站点联系便捷，利用城市道路设置即停即走泊客区	景观绿化较好	无	普通医院形象	用地紧张

表3-4　儿童专科医院室外环境现状案例表

调研案例	苏州大学附属儿童医院（园区）		苏州大学附属儿童医院（景德路）
室外环境			

2. 室内空间环境

（1）候诊空间。

候诊空间具备良好的自然采光通风条件，保障了空间舒适性，部分候诊空间采用了较为丰富的色彩搭配及图案装饰，营造了较为活泼的环境氛围；设置有多样化的儿童友好设施，如自助售卖机、儿童专用卫生设施、婴儿车停放区、健康安全教育宣传栏等；并结合绿化盆栽以及室外景观等，提升了候诊空间的自然化视觉感知。（表3-5、表3-6）。

表3-5　儿童专科医院候诊空间现状

调研案例	采光通风	儿童主题装饰	儿童友好设施	其他
苏州大学附属儿童医院（园区）	自然通风采光良好	室内整体色调以浅黄色为主，有卡通形式儿童健康宣传栏，有动植物、卡通元素贴纸	自助售卖机、部分候诊区设彩色儿童座椅	电梯附近有盆栽等绿植

续表

调研案例	采光通风	儿童主题装饰	儿童友好设施	其他
苏州大学附属儿童医院(景德路)	自然通风采光良好	粉色、黄色墙面及地面，有少量图案装饰，有健康知识宣传栏，有功能分区索引图、箭头指示	自助售卖机、彩色座椅	窗外靠近行道树，室内无盆栽

表 3-6　儿童专科医院候诊空间现状案例表

调研案例	苏州大学附属儿童医院（景德路）	苏州大学附属儿童医院（园区）
候诊空间		

（2）就诊空间。

儿童医院的大部分诊室空间环境与成人诊室相同，缺乏具有针对性的儿童友好设计策略措施。但苏州大学附属儿童医院（园区）以海洋世界为主题进行了核磁检查室的空间环境设计，以缓解儿童在接受检查时的内心恐惧感（图 3-1）。

(a)　　(b)

图 3-1　苏州大学附属儿童医院的就诊空间（园区）

（3）病房空间。

病房设置以 2—3 人间为主，不同病理类型的病房独立分区设置，并配备独立卫生间及淋浴系统，自然通风采光条件良好；病房空间的色彩、图案、灯光设计贴合儿童需求特点，选用淡雅的颜色为主色调，营造温馨舒适的就医环境；在走廊空间设置儿童专属保护设施，包括儿童高度扶手、防碰撞设施等，以降低意外风险（图 3-2）。

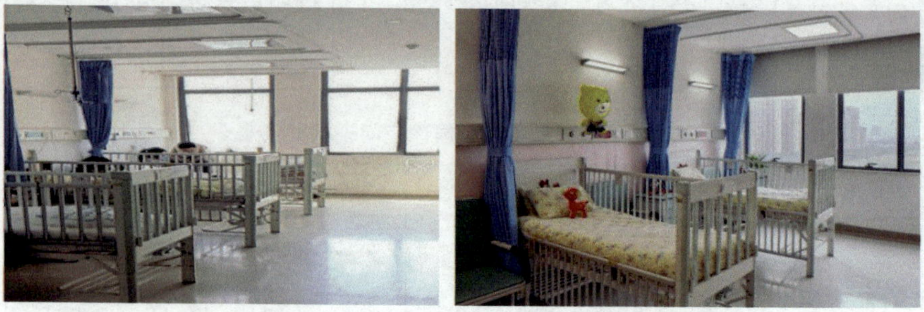

（a）　　（b）

图 3-2　苏州大学附属儿童医院的病房空间（园区）

（4）活动空间。

苏州大学附属儿童医院（园区）在局部空间进行了专门的儿童活动空间设置：在门诊与急诊衔接区域的下沉庭院打造专属活动场地，通过配置游乐设施与亲子休息区，并结合丰富的色彩和绿化配置，构建了富有童趣的活动场景；在儿童健康体验中心，利用门厅空间形成室内外联动的体验式复合功能区，并与室外、屋顶绿化景观平台建立联系，既营造了童趣氛围，又为儿童提供了贴近自然的休憩场所（表 3-7、表 3-8）。苏州大学附属儿童医院（景德路）虽在公共走道区域进行了儿童活动空间设置，但由于空间受限且缺乏相应的空间氛围营造和儿童友好设施供给，难以较好满足儿童多样性活动诉求。总体而言，儿童专科医院的儿童活动空间配置，还需结合儿童就医流程中高频停留与长时驻留的空间进行系统化组织，并做好儿童友好设施供给和童趣场景营造。

表 3-7　儿童医院活动空间（室内）现状

调研案例	位置特征	采光通风	儿童友好设施	儿童主题装饰
苏州大学附属儿童医院（园区）	内部庭院空间、内部屋顶平台	具有较好的采光通风	设置儿童游乐设施、休憩设施	色彩丰富，景观绿化
苏州大学附属儿童医院（景德路）	靠近公共走道	具有较好的采光通风	无	无

表 3-8 儿童医院活动空间（室内）现状案例表

调研案例	苏州大学附属儿童医院（园区）	苏州大学附属儿童医院（园区）
活动空间（室内）		

3.2.2 综合医院

1. 室外空间环境

综合医院的室外环境调研内容主要包括交通空间、景观绿化、休息活动空间、建筑形象等方面（表 3-9、表 3-10）。在交通空间方面，大部分医院都设有临时下客区，但缺乏良好的系统组织；并且大部分医院多与公共交通站点联系便捷，但站点及上下客区域较少使用风雨连廊。在休息活动空间方面，综合医院的室外环境普遍较好，少数新建医院将儿童活动设施与绿化环境相结合，形成了公共的活动场地；但室外休息设施不足现象较为普遍，不利于人们的散步休闲活动。在建筑形象方面，医院建筑大多较为老旧，对儿童行为心理特征考虑较少。在景观绿化方面，综合医院的景观绿化相对较为充足，较多医院都有比较清晰的空间标识指引和明显的医院标识。

表 3-9 综合医院室外环境现状

调研案例	交通空间	景观绿化	休息活动空间	建筑形象	其他
WZ 医院	距离公交站较近，人车矛盾严重	入口有大量盆栽，其他形式绿化较少	结合花坛边缘少量休息空间	普通医院形象	正对丁字路口，交通较混乱
XC 医院	距离地铁站和公交站较近，入口有临时泊客区	有一定的景观绿化	结合花坛边缘少量休息空间	普通医院形象	—

续表

调研案例	交通空间	景观绿化	休息活动空间	建筑形象	其他
GXQ医院	与地铁站联系便捷，人车分流，流线清晰，设有即停即走的机动车泊客区	景观绿化较好	无	普通医院形象	—
ZY医院	与公共交通站点联系便捷，有环岛和泊客区	景观绿化较好	结合花坛边缘少量休息空间	普通医院形象	—
GJ医院	有独立的步行系统，引导性强	景观绿化丰富	专用休息区，休憩设施充足	普通医院形象	—
DSH医院	设有即停即走的机动车泊客区，接入口风雨连廊，人车分流	景观绿化较好	接驳区有休息座椅	普通医院形象	具有清晰的空间标识引导
SL医院	与公交站点接近，流线清晰，设有即停即走泊客区	景观绿化较好	无	普通医院形象	非机动车占道，影响人行

表 3-10　综合医院室外环境现状案例表

调研案例	GXQ 医院	GJ 医院
室外环境		
调研案例	DSH 医院	ZY 医院
室外环境		

2. 室内空间环境

（1）儿童门诊空间。

综合医院儿科门诊空间调研聚焦于采光通风、儿童主题装饰、儿童友好设施及景观绿化等维度（表3-11、表3-12）。总体来看，儿科门诊空间大多具有较好的自然采光与通风条件，候诊空间主要采用彩色墙面、卡通贴纸、彩色座椅等营造适儿化的空间环境氛围；但就诊空间的适儿化设计有待提升，室内环境与设施配置均与成人科室无显著差异，未能充分考虑儿童的生理和心理特点，难以体现儿童专属医疗场景的独特适配性；仅有少数医院设置了独立的儿童输液区域，并围绕儿童主题进行了特色空间场景营造；在景观绿化层面，医院通过布置室内绿化盆栽，以及优化与室外景观环境的互动联系等，有效改善了儿童诊疗空间的环境品质。值得关注的是，新建医院在适儿化设施供给上具有显著改善，不仅增设了婴儿车停放区，还采用防撞材料以保障儿童安全，部分洗手间配备了高低洗手盆，体现了对儿童的人性化关怀。

表3-11　综合医院儿童门诊空间现状

调研案例	采光通风	儿童主题装饰	儿童友好设施	景观绿化
WZ医院	自然通风采光良好	天蓝色的门，地面有彩色标识	母婴室	卫生间少量绿植
XC医院	自然通风采光良好	色彩较丰富	彩色座椅、儿童尺度窗口	少量景观盆栽
GXQ医院	无直接自然通风采光	色彩较丰富，有卡通贴纸装饰	婴儿车停车位	
ZY医院	自然通风采光一般	色彩较丰富，门口有卡通贴纸装饰	无	候诊空间较为简陋
GJ医院	采光通风较好	色彩较丰富，有卡通贴纸装饰	彩色沙发，家具采用防撞材料	室外绿化环境较好
DSH医院	采光通风一般	色彩较丰富，有卡通图案装饰	设置彩色/卡通儿童创意座椅	靠近景观中庭
SL医院	采光通风较好	无	母婴室，儿童尺度窗口	少量盆栽

表 3-12　综合医院儿童门诊空间现状案例表

调研案例	WZ 医院	GJ 医院
儿童门诊空间		
调研案例	ZY 医院	XC 医院
儿童门诊空间	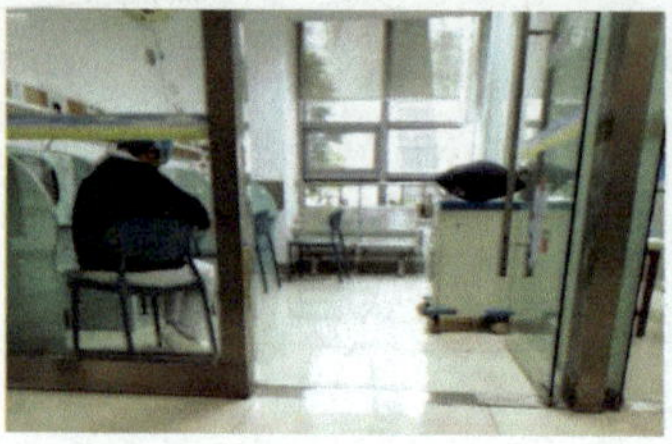	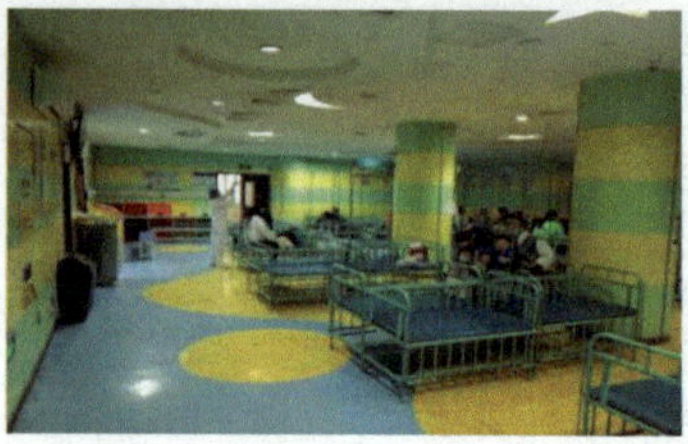

（2）病房空间。

部分综合医院没有儿科病区，不接受儿童患者住院；设有儿科病区的综合医院中，病房基本为 2—3 人间，配备独立卫生间和淋浴系统；病区较少进行儿童友好环境设计，基本没有儿童活动空间。

（3）儿童活动空间。

综合医院普遍缺少专门的室外儿童活动空间，儿童可在家长的陪同下在公共空间中活动，如庭院、大厅、交通空间、候诊室区域附近，活动空间较少，也容易阻碍交通；部分专门设置的室内儿童活动空间，也缺乏较为丰富的儿童活动设施，难以满足儿童多样性活动诉求（表 3-13、表 3-14）。

表 3-13　综合医院儿童活动空间现状

调研案例	位置特征	采光通风	儿童友好设施	儿童主题装饰
WZ 医院	候诊区旁边的公共交通空间	自然通风 采光较好	地面上的跳格子贴纸区域	无
XC 医院	住院部儿童病区中间的大厅	自然通风 采光较好	仅有少量座椅，无儿童活动设施	少量盆栽
GXQ 医院	无儿童活动空间			

续表

调研案例	位置特征	采光通风	儿童友好设施	儿童主题装饰
ZY 医院	无儿童活动空间			
GJ 医院	门诊区的公共中庭区域	自然通风 采光较好	儿童活动的卵石滩、木质长凳	色彩较丰富、曲线型界面，丰富绿化环境
DSH 医院	候诊区附近，与中庭庭院结合	自然通风 采光一般	设置彩色/卡通儿童创意座椅	儿童主题装饰墙
SL 医院	无儿童活动空间			

表 3-14　综合医院儿童活动空间现状案例表

调研案例	DSH 医院	GJ 医院	XC 医院
儿童活动空间			

3.2.3　社区卫生服务中心

在社区卫生服务中心的研究中，根据场地是否独立、边界特征以及与其他功能空间的组合使用方式，将其划分为“独立-开放融合式”、“独立-封闭分离式”、“混合-开放融合式”和“混合-封闭分离式”等四个类型（表 3-15）。“独立-开放融合式”以医院独立占地为基础，场地出入口全天候开放，不设实体围墙，这种开放式布局常见于老旧小区内部、临街区域等空间较为紧凑的区域，强调与社区空间的融合；“独立-封闭分离式”同样拥有独立用地，但通过设置明确的出入口与围栏，形成相对独立的院区，此种类型多为新建的社区卫生服务中心；“混合-开放融合式”打破了医疗服务功能边界组织边界，在水平或垂直方向上与商业、办公等建筑共享场地，充分利用周边的公共空间资源，不设置专属出入口，常见于商业综合体等复合型建筑中；“混合-封闭分离式”虽然同样采用共用场地模式，但基于功能分区和管理需求，设置独立出入口，通过空间分隔与流线管控实现功能共存，此种类型相对较少。

表 3-15　社区卫生服务中心类型图示

类型	基本型	案例图		
独立-开放融合式	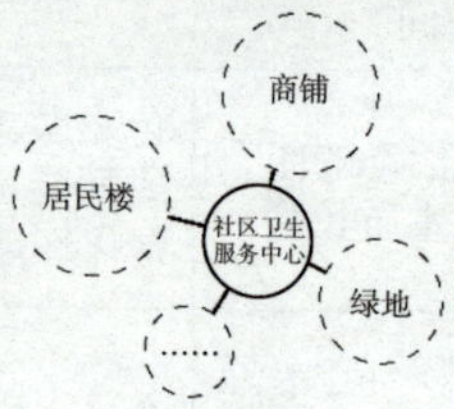	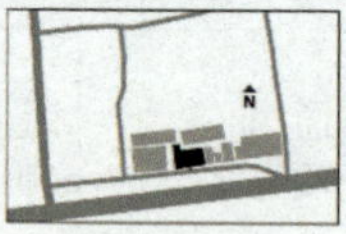 LJ	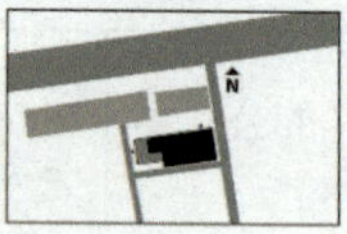 SX	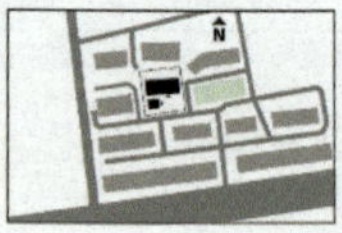 RD
独立-封闭分离式		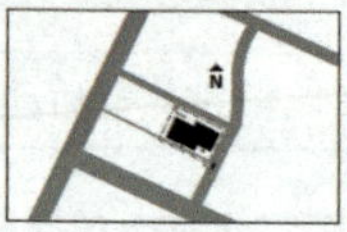 PJ	 CQ	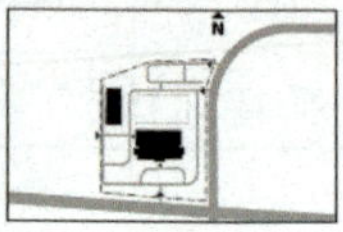 GX
混合-开放融合式	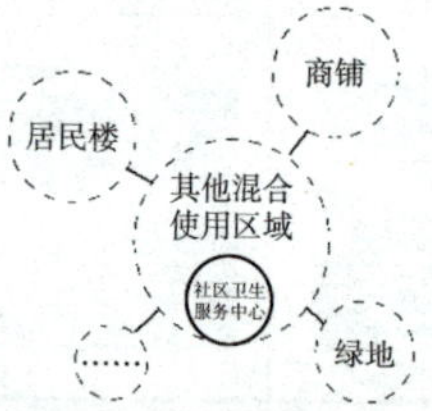	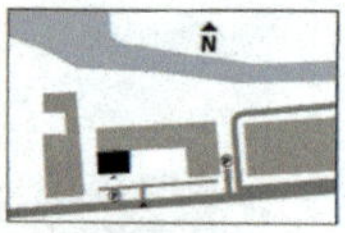 NH	 GTXC	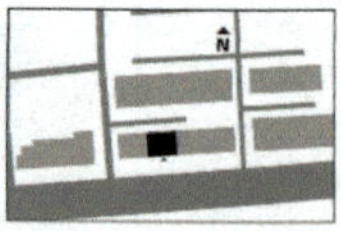 BL
混合-封闭分离式		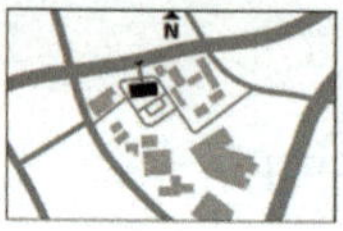 HSG	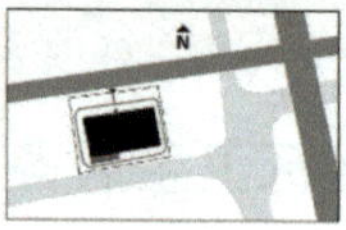 YH	

○ 社区卫生服务中心　◎ 围合的场地　◌ 周边其他区域

四种类型的社区卫生服务中心空间环境在适儿化方面面临诸多问题。研究者对苏州市 20 个不同类型的典型案例进行室内外空间环境实地调研，从儿童友好的视角，对不同类型的社区卫生服务中心空间环境的适儿化现状进行分析。

1. 室外空间环境

（1）交通空间。

“独立-开放融合式”社区卫生服务中心周边的室外空间较少且多呈现线性布置。就步行组织来说，其场地内的步行距离都较短，步行到达的便捷度较高，且存在多条小道到达社区卫生服务中心；就机动车组织来说，比较不便利，周边小路居多，存在机动车与非机动车侵占人行道的现象，人车混行较为普遍，存在一定的安全隐患。场地内基本没有设置停车场，停车的问题较大，较混乱。

“独立-封闭分离式”社区卫生服务中心的室外空间普遍较大。在步行组织方面，内部场地步行距离较长；在机动车组织方面，停车接驳的便利性不足，人车混行普遍，存在安全隐患，场地内机动车停车车位紧张且组织较为混乱。

“混合-开放融合式”社区卫生服务中心与其他建筑共用室外空间，专属的室外空间相对较小。该类型社区卫生服务中心在场地内基本设有单独开放的出入口，场地内步行距离较短，比较便捷；普遍都设置地面或者地下停车场可供停车。

“混合-封闭分离式”社区卫生服务中心的室外空间较大，内部步行道路较长，布置环形车道，场地内设置地面或地下停车场（表 3-16）。

表 3-16 各类型社区卫生服务中心室外交通空间布置简图

独立-开放融合式	独立-封闭分离式	混合-开放融合式	混合-封闭分离式
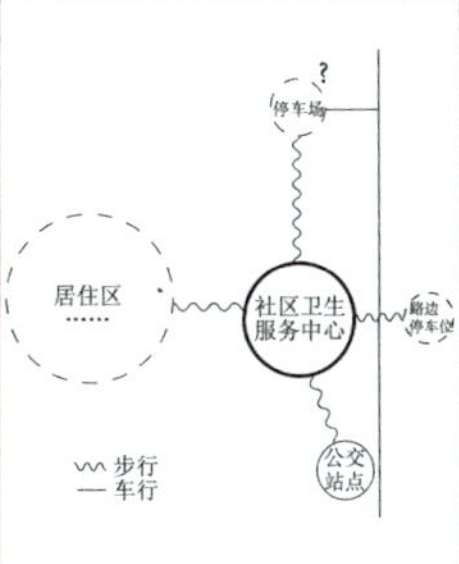	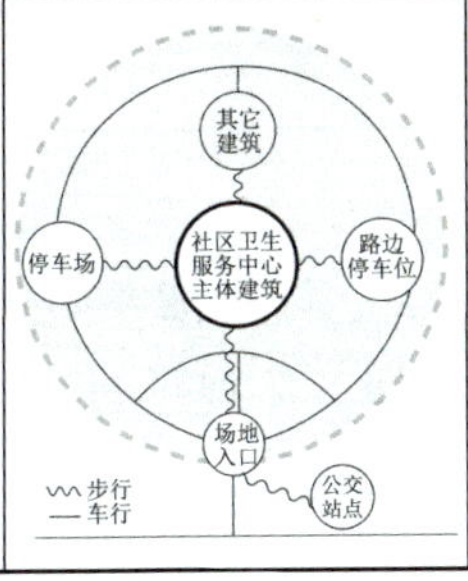	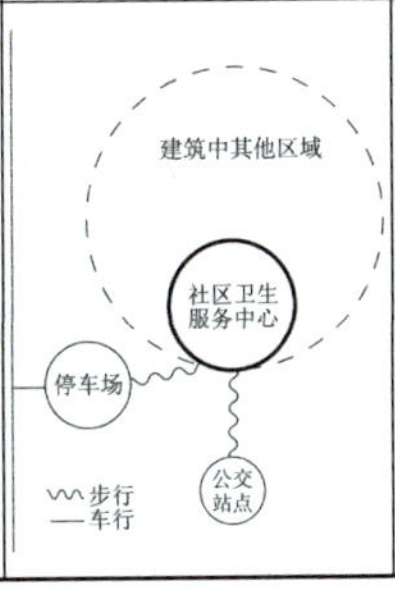	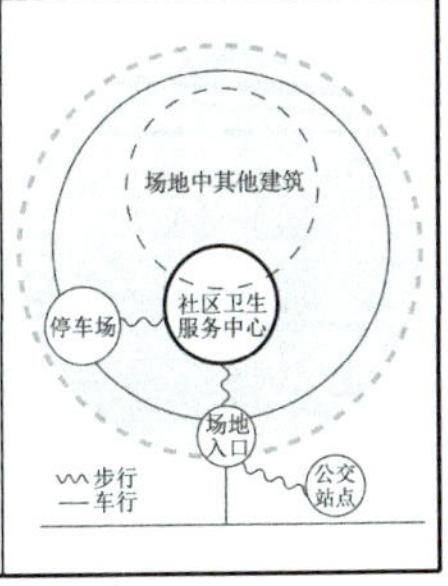

（2）景观空间。

优美的景观环境可以缓解患者的不良情绪，具有促进身心健康的积极作用。视觉与空间上的可达性、功能多样性、感官体验丰富性等是恢复性景观的核心设计内容，应基于此来营造安全舒适的景观环境。

不同类型的社区卫生服务中心呈现出不同的布置方式，其类型特征如表 3-17 所示。“独立-开放融合式”社区卫生服务中心周边的绿化大部分结合周边其他空间一起布置，如周边的居民区、邻里中心、沿街绿化等，周边绿化多以点状布置，景观绿化相对较少，未能形成宜人的室外景观环境。

而“独立-封闭分离式”、“混合-开放融合式”和“混合-封闭分离式”社区卫生服务中心场地内的绿化以点、线、面相结合的方式进行设计，绿化空间环境相对较好，步行其间也比较舒适，炎热天气也可形成遮阳空间。

表 3-17 社区卫生服务中心景观绿化现状类型分析

类型	图示	特征
独立-开放融合式		与周边场地景观融合，点状布置为主，树荫较少
独立-封闭分离式 混合-开放融合式 混合-封闭分离式		块状布置为主，树荫较多，景观绿化优美

（3）休憩活动空间。

为就诊者提供室外休憩活动空间是医院外部空间环境设计的重要内容之一，而设置专门的儿童室外活动空间，体现了对儿童玩闹天性的尊重，也是医院外部空间环境适儿化建设的重要体现。交通可达性、空间安全性、环境舒适性以及活动多样性是医院室外休憩活动空间营造的关键。

在调研中发现，社区卫生服务中心多数存在缺少室外儿童活动空间以及休息空间的情况。有些结合社区邻里中心建设的社区卫生服务中心，如“混合-开放融合式”“混合-封闭分离式”两类社区卫生服务中心通常会结合其附近的公共交通空间等进行布置。

（4）建筑形象。

医院建筑形象不仅在视觉上影响儿童对医院的第一印象，还深刻地影响着儿童的心理感受和就医体验等。

社区卫生服务中心的建筑形象大多表现出相对传统的社区医院特征，而缺少针对儿童的趣味性设计等。其特征主要表现为立面为白色，部分新建医院立面部分采用了蓝色、棕黄等色彩（表 3-18）。

表 3-18　社区卫生服务中心建筑形象案例表

调研案例	TX 社区卫生服务中心	TP 社区卫生服务中心
建筑形象		
调研案例	NH 社区卫生服务中心	YH 社区卫生服务中心
建筑形象		

2. 室内空间环境

（1）公共厅廊空间。

公用厅廊空间是医院的枢纽，包括门厅、走廊等空间，设有接待问询、挂号收费等功能，并与相关诊疗区域、病区空间等相连接。这些区域通常人流量较高，门厅等空间还直接影响儿童进入医院的感受。

社区卫生服务中心的公共厅廊空间流线（表 3-19）大多比较清晰，地面做防滑处理，能保障儿童通行的安全性；大部分医院采用自然采光通风。然而，空间装饰大多趋于简单化，墙面以单色为主且少有儿童主题装饰导致空间趣味性不足；空间指示标识主要依赖文字，年幼儿童辨认较为困难。

表 3-19　社区卫生服务中心公共厅廊空间案例表

调研案例	PJ 社区卫生服务中心	LJ 社区卫生服务中心	CL 社区卫生服务中心
公共厅廊空间	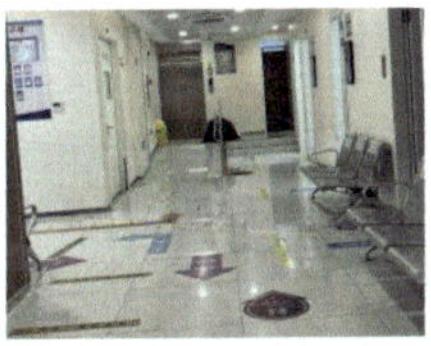		

（2）儿童保健门诊空间。

儿童保健门诊主要职能是为社区范围内0—6岁的儿童提供健康管理与疾病预防。调研显示，除部分老旧社区卫生服务中心外，大部分的儿童保健门诊均具备良好的通风采光条件，可实现自然采光通风；在空间环境适儿化建设方面，针对儿童生理与心理需求，主要从色彩搭配、儿童尺度家具与安全设施设置等方面着手进行空间建设：① 采用丰富且具有亲和力的色彩搭配，辅以卡通贴纸，营造出愉悦的空间氛围；② 设置彩色/卡通儿童创意座椅，采用儿童尺度的家具尺寸适配儿童；③ 家具与墙面采用防撞软质材料，同时设有警示标识并配备安全保护措施。然而，社区卫生服务中心的儿童保健门诊在以下方面仍需进一步优化提升：空间标识、健康宣传等多以成人认知为标准，对儿童的友好性不足，难以吸引儿童注意力并传递有效信息；景观绿化较为单一，以零星盆栽为主，难以满足儿童对自然环境的心理需求；除新建社区卫生服务中心外，多数缺乏母婴室、儿童专用卫生设施等儿童友好设施（表3-20、表3-21）。

表3-20　社区卫生服务中心（卫生院）儿童保健门诊空间现状

调研案例	采光通风	儿童主题装饰	儿童友好设施	其他
PJ社区卫生服务中心	有开窗，采光通风较好	无	儿童创意座椅，家具采用防撞及软质材料	少量景观盆栽
YC社区卫生服务中心	南面开窗，采光通风较好	墙面圆形彩色洞口	母婴室	少量景观盆栽
YH社区卫生服务中心	无直接采光	丰富色彩空间环境，顶棚弧形元素	母婴室，墙面防撞及软质材料、儿童座椅	多种语言标识
LJ社区卫生服务中心	无自然采光通风	无	母婴室，彩色医疗器械	—
SX社区卫生服务中心	无自然采光通风	地面为浅蓝色，整体为浅色系	无	—
CF卫生院	有开窗，采光通风较好	有卡通贴纸装饰	彩色及儿童创意座椅，墙面采用防撞及软质材料	少量景观盆栽

续表

调研案例	采光通风	儿童主题装饰	儿童友好设施	其他
JZX 社区卫生服务中心	无自然采光通风	有卡通贴纸装饰	彩色及儿童创意座椅，墙面采用防撞及软质材料	少量景观盆栽
LH 社区卫生服务中心	采光通风较好	有卡通贴纸装饰	彩色及儿童创意座椅，墙面采用防撞及软质材料	少量景观盆栽
GX 卫生院	采光通风较好	有卡通贴纸装饰	彩色及儿童创意座椅，墙面采用防撞及软质材料	少量景观盆栽
HJ 社区卫生服务中心	采光通风较好	有卡通贴纸装饰	墙面采用防撞及软质材料	少量景观盆栽

表 3-21 社区卫生服务中心（卫生院）儿童保健门诊空间现状案例表

调研案例	YC 社区卫生服务中心	PJ 社区卫生服务中心	CF 卫生院
儿童保健门诊空间			
调研案例	HJ 社区卫生服务中心	HY 社区卫生服务中心	YH 社区卫生服务中心
儿童保健门诊空间	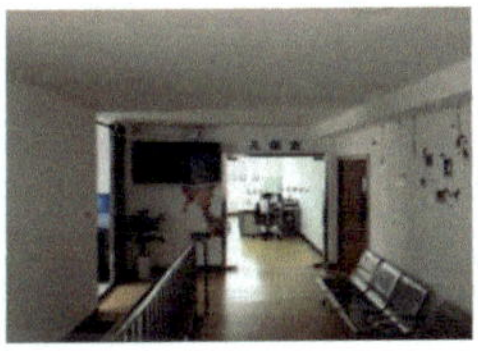		

（3）儿童预防接种门诊空间。

大部分社区卫生服务中心的预防接种门诊空间都进行了适儿化的空间营造，主要策略措施如下：① 以色彩丰富的卡通图案装饰营造舒适的空间氛围；② 采用儿童尺度的接种窗口和彩色桌椅；③ 地面采用防滑及软质材料；④ 设置有健康安全教育宣传栏和功能索引标识；⑤ 将留观区与儿童活动空间便捷联系；⑥ 以绿化盆栽丰富室内环境。然而，调研发现留观区适儿化设计尚未获得足够重视，适儿化环境建设有待进一步提升：部分留观区受限于空间布局，无法有效引入自然采光与通风，室内环境品质不高；较少在留观区附近设置儿童活动空间，而且在设施配置层面，儿童友好设施的类型较为单一（多数仅配备电视），难以满足儿童在留观期间多样化的生理需求与行为诉求（表 3-22、表 3-23）。

表 3-22　社区卫生服务中心（卫生院）预防接种门诊空间现状

调研案例	采光通风	儿童主题装饰	儿童友好设施	其他
PJ 社区卫生服务中心	接种区自然采光通风较好，留观区较少开窗	接种区有卡通贴纸装饰；留观区色彩较为丰富，墙面和顶棚有彩色卡通图案	留观区设彩色座椅，家具采用防撞材料	少量景观盆栽，志愿者服务，距儿童活动空间距离较远
YC 社区卫生服务中心	自然采光通风较好	接种区颜色单一；留观区色彩较为丰富，窗户有彩色卡通图案	儿童尺度接种窗口，留观区设电视机	与儿童活动空间联系便捷
YH 社区卫生服务中心	自然采光通风较好	整体颜色较丰富，留观区有彩色卡通图案和儿童可辨认的提示标语	儿童尺度接种窗口，采用防撞及软质材料，有警示标识，留观区设电视机	接种区与儿童活动空间距离较近
LJ 社区卫生服务中心	接种区自然采光通风较好，留观区无开窗	留观区颜色较丰富，有彩色卡通图案和儿童可辨认提示标语	留观区设彩色儿童座椅，采用防滑及软质材料，有警示标语与相应安全措施	留观区与儿童活动空间合并
SX 社区卫生服务中心	接种区自然采光通风较好，留观区无开窗	接种区采用浅蓝色窗帘	无	留观区与儿童活动空间距离较近
CF 卫生院	自然采光通风较好	接种区有卡通贴纸装饰；留观区色彩较为丰富，墙面有卡通贴纸装饰	留观区设彩色座椅，墙面采用防撞材料	少量景观盆栽

续表

调研案例	采光通风	儿童主题装饰	儿童友好设施	其他
JZX 社区卫生服务中心	自然采光通风较好	接种区有卡通贴纸装饰；留观区色彩较为丰富，墙面有卡通贴纸装饰	接种区采用防滑材料；留观区设彩色座椅，采用防撞材料	少量景观盆栽
LH 社区卫生服务中心	自然采光通风较好	接种区有卡通贴纸装饰；留观区色彩较为丰富，墙面有卡通贴纸装饰	接种区地面采用防滑材料；留观区设彩色座椅，采用防撞材料	少量景观盆栽
GX 卫生院	接种区无开窗，留观区自然采光通风较好	接种区有卡通贴纸装饰；留观区色彩较为丰富，墙面有卡通贴纸装饰	无	—
HJ 社区卫生服务中心	接种区自然通风采光较好，留观区无开窗	接种区有卡通贴纸装饰；留观区色彩较为丰富，墙面有卡通贴纸装饰	接种区地面采用防滑材料；留观区设彩色座椅，采用防撞材料	—
JF 社区卫生服务中心	自然采光通风较好	无	接种区采用防滑材料，留观区设彩色座椅	—

表 3-23 社区卫生服务中心（卫生院）预防接种门诊空间现状案例表

调研案例	SX 社区卫生服务中心	YH 社区卫生服务中心	JF 社区卫生服务中心
预防接种门诊空间			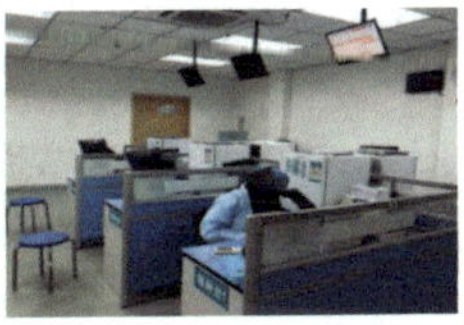
调研案例	YC 社区卫生服务中心	LH 社区卫生服务中心	GX 卫生院
预防接种门诊空间			

（4）与儿童相关的其他门诊空间。

与儿童相关的诊疗区域一般有全科门诊、中医门诊、儿童输液室等，另外还有苏州市健康市民“531”行动倍增计划项目相关服务。总体而言，由于不同社区卫生服务中心在建设年代、医疗服务功能配置等方面的差异性，儿童诊疗相关门诊空间的适儿化建设水平参差不齐。结合“531”行动计划项目，部分大型社区卫生服务中心可以为儿童提供更为全面的医疗服务；全科门诊以满足全龄群体的基本诊疗需求为主，具有较好的采光通风，但缺少儿童友好的相关措施及设施；中医门诊，以全龄混用为主，空间环境以传统特色风格为主，但缺乏适儿化设施的融合；部分儿童诊疗空间，结合色彩、装饰性图案等进行了儿童主题的空间营造，并采用了创意儿童座椅、墙面与家具防撞软质材料、健康安全教育宣传栏以及儿童可识别的警示标识等适儿化措施；景观绿化方面，在过道和诊疗台进行小型盆栽布置，新建社区卫生服务中心绿植配置相对较为丰富；仅部分社区卫生服务中心设有独立的儿童输液室，其余多为成人儿童混用（表 3-24、表 3-25）。

表 3-24　社区卫生服务中心（卫生院）与儿童相关的其他门诊空间现状

调研案例	采光通风	儿童主题装饰	儿童友好设施	其他
PJ 社区卫生服务中心	自然采光通风较差	无	无	—
YC 社区卫生服务中心	无自然采光通风	无	无	—
YH 社区卫生服务中心	自然采光通风一般	无	有儿童可辨认警示标识	—
LJ 社区卫生服务中心	自然采光通风较好	色彩较丰富，有海洋主题贴纸装饰	有儿童可辨认警示标识，设彩色儿童座椅，采用防撞材料	—
SX 社区卫生服务中心	自然采光通风较好	无	无	—
CF 卫生院	自然采光通风较好	色彩丰富度一般，有卡通图案装饰	设彩色儿童座椅，采用防滑及软质材料，采用防撞材料	楼道里及诊疗台上有绿植

续表

调研案例	采光通风	儿童主题装饰	儿童友好设施	其他
JZX 社区卫生服务中心	采光主要依靠人工灯光	色彩丰富度一般	地面采用防滑及软质材料，有中医文化宣传栏	楼道里及诊疗台上有绿植
LH 社区卫生服务中心	自然采光通风较好	色彩丰富度一般，有卡通图案装饰	采用防滑及软质材料	楼道里及诊疗台上有绿植
GX 卫生院	自然采光通风较好	色彩丰富度一般，有卡通图案装饰	地面采用防滑材料，采用防撞及软质材料	—
HJ 社区卫生服务中心	自然采光通风较好	色彩丰富度一般	地面采用防滑及软质材料，有中医文化宣传栏	楼道里及诊疗台上有绿植

表 3-25 社区卫生服务中心与儿童相关的其他门诊空间现状案例表

调研案例	JZX 社区卫生服务中心	LJ 社区卫生服务中心	SX 社区卫生服务中心
与儿童相关的其他门诊空间	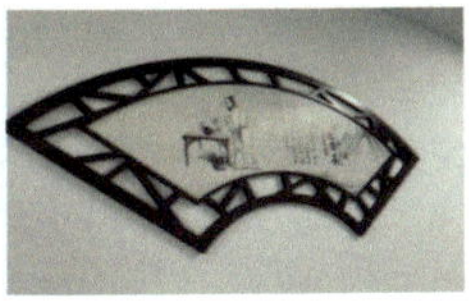	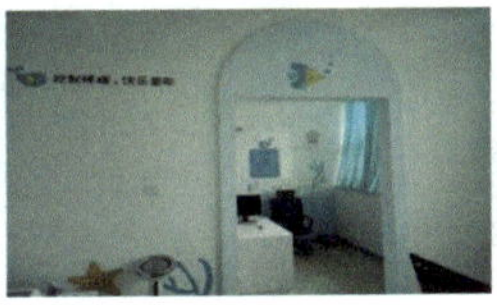	

（5）候诊空间。

社区卫生服务中心儿童门诊候诊时间相对较短，候诊空间较小，其区域的布置方式通常有三种（表 3-26）：① 块状布置，候诊空间单独划分区域，同其他功能空间互不干扰，围合成相对私密的空间，候诊舒适度较高；② 线性布置，形式通常为候诊空间沿交通走廊一侧或两侧布置座椅，节省空间，但来往行人较多对候诊干扰较大；③ 点状布置，在诊室附近空余空间布置少量座椅，尤其是在面积较小的社区卫生服务中心，可有效增加候诊空间。社区卫生服务中心的候诊空间布置通常采用两种及以上的形式进行组合搭配，以满足候诊需求。

表 3-26　社区卫生服务中心候诊空间布置方式表

布置方式	块状布置	线性布置	点状布置
空间示例	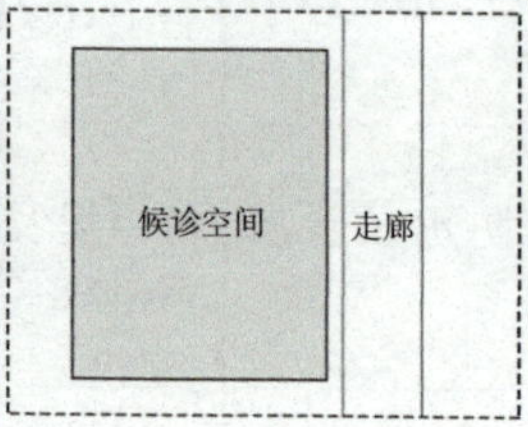	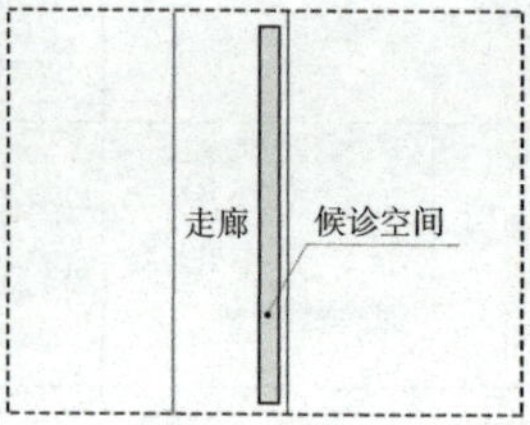	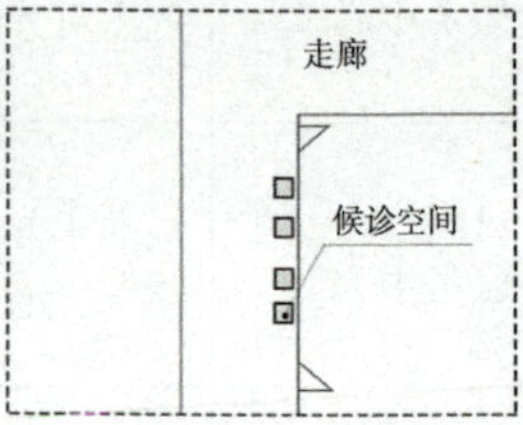

总体来说，社区卫生服务中心儿童门诊候诊空间的采光通风良好，整体空间较为明亮舒适。空间多采用彩色座椅、防滑/防撞的安全材料、墙面图案装饰等适儿化措施，但缺乏多样化的绿植配置，与室外景观环境联系不足，候诊区域的亲近自然程度有待提升。（表 3-27）

表 3-27　社区卫生服务中心候诊空间案例表

调研案例	SX 社区卫生服务中心	PJ 社区卫生服务中心	GTXC 社区卫生服务中心	XSGZ 社区卫生服务中心
候诊空间	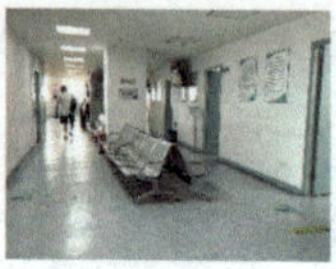	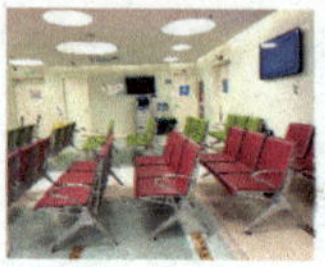	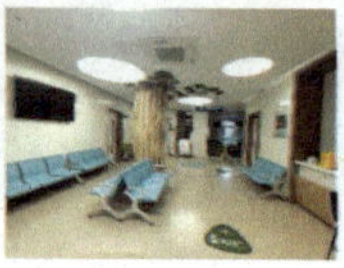	

（6）儿童活动空间。

对于儿童来说，空间中有可供他们玩耍、社交的场所是非常重要的。玩耍不仅能使他们觉得有趣，而且是一种生活中寻常的、熟悉的、可以平衡情绪的活动。儿童渴望在医院专用活动空间或融合进其他场所的娱乐设施中进行活动。目前已有部分社区卫生服务中心考虑到这一点，在医院室内空间布置了供儿童活动的空间。但是儿童活动空间目前基本与其他空间混合使用，以开敞的空间为主，通常有两种位置布置方式（表 3-28）：① 直接布置在留观区内部，供接种完疫苗后进行留观的儿童使用；② 布置在候诊区、留观区附近厅廊空间，如走廊、门厅区域内，服务更多儿童。

表 3-28　社区卫生服务中心室内儿童活动空间布置图示

布置方式	留观区内部	留观区、候诊区附近厅廊空间
图示	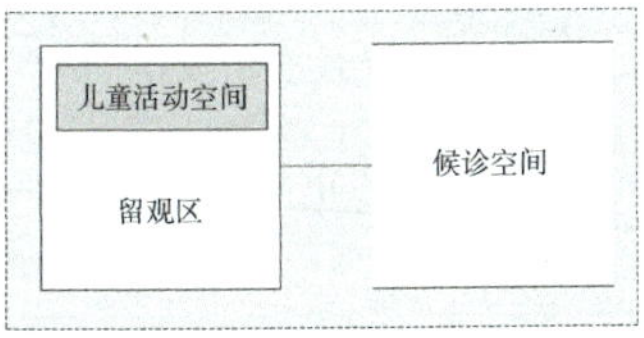	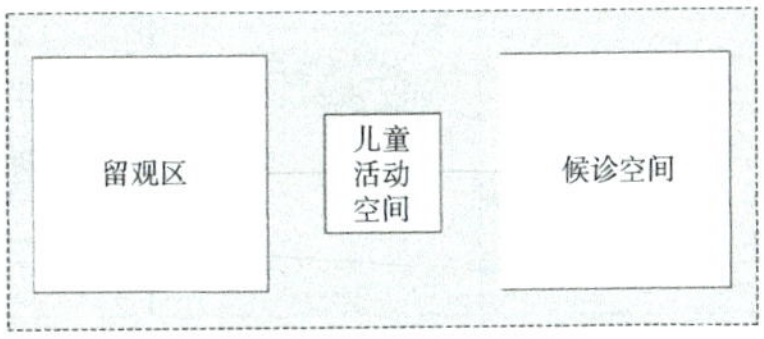
优缺点	空间较小；服务人员较少	空间较宽敞；服务人员较多

社区卫生服务中心的儿童活动空间基本为室内空间，只有很少一部分社区卫生服务中心设置了专门的室外儿童活动空间。大部分社区卫生服务中心儿童活动空间的采光通风较差，主要依靠灯具照明，且多分布在儿童保健门诊以及预防接种门诊附近。仅少部分社区卫生服务中心在留观区附近设置了专门的儿童活动空间并配备供儿童个人玩耍的玩具或设施或者播放儿童主题的影音内容。总体而言，大部分社区卫生服务中心活动空间的儿童友好设施配置不足，仅有一小部分结合儿童活动诉求，进行了以下适儿化设计：① 设置彩色儿童创意座椅；② 采用防滑软质地面和防撞软质墙面；③ 使用丰富的色彩搭配与卡通元素的贴纸进行装饰；④ 设置易于儿童识别的指示与警示标识等（表 3-29、表 3-30）。

表 3-29　社区卫生服务中心（卫生院）儿童活动空间现状

调研案例	位置特征	采光通风	儿童友好设施	儿童主题装饰
PJ 社区卫生服务中心	儿童保健门诊候诊区附近	无直接自然采光通风	设置彩色儿童创意座椅；采用防滑材料、防撞材料；播放儿童主题的影音内容	无
YC 社区卫生服务中心	预防接种留观区附近，且与公共走廊合用	无直接自然采光通风	无	色彩较为丰富
YH 社区卫生服务中心	预防接种留观区附近，且与公共走廊合用	自然采光通风较好	仅有休息座椅	色彩较为丰富

续表

调研案例	位置特征	采光通风	儿童友好设施	儿童主题装饰
LJ 社区卫生服务中心	预防接种留观区附近	无直接自然采光通风	设置彩色儿童创意座椅；有供儿童玩耍的玩具或设施；采用防滑材料；有警示标识/保护措施	色彩较为丰富
SX 社区卫生服务中心	预防接种留观区附近	无直接自然采光通风	采用防滑软质材料，采用防撞及软质材料	无
CF 卫生院	无儿童活动空间			
JZX 社区卫生服务中心	无儿童活动空间			
LH 社区卫生服务中心	无儿童活动空间			
GX 卫生院	无儿童活动空间			
HJ 社区卫生服务中心	儿童保健门诊候诊区附近	自然采光通风一般	有供儿童玩耍的玩具或设施；采用防滑材料、防撞材料	彩色创意围栏

表 3-30　社区卫生服务中心儿童活动空间现状案例表

调研案例	PJ 社区卫生服务中心	LJ 社区卫生服务中心	SX 社区卫生服务中心
儿童活动空间	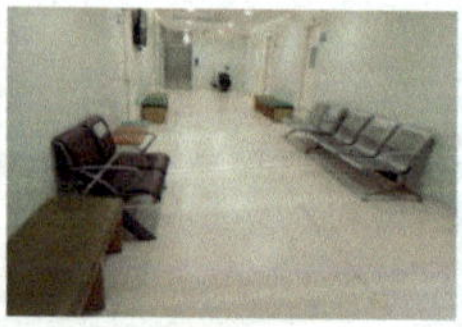		
调研案例	JF 社区卫生服务中心	HY 社区卫生服务中心	XSGZ 社区卫生服务中心
儿童活动空间			

3.2.4 不同医疗服务机构儿童就医空间环境特征总结

可以发现，大量已建成的各类型儿童医疗服务机构，在为儿童提供具有人文关怀的医疗保健服务方面还存在不足，尚难以满足生物-心理-社会医学模式下儿童就诊环境的建设要求（图 3-3）。

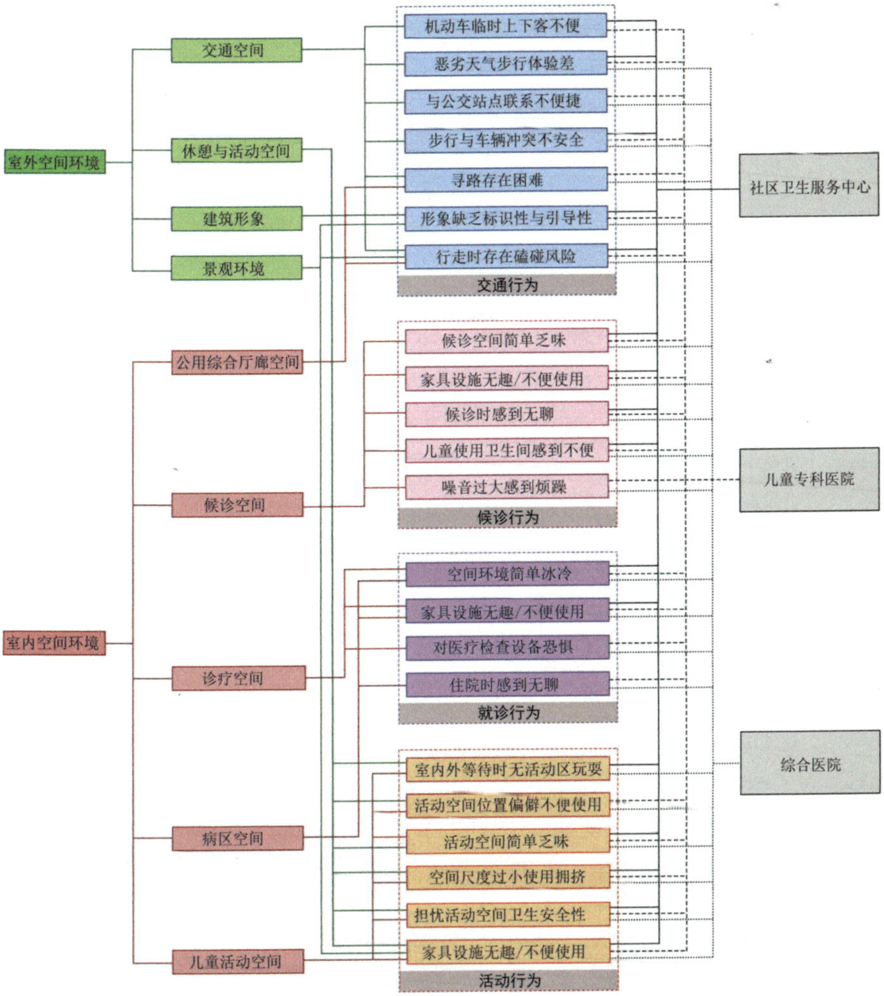

图 3-3 医疗服务机构的类型、空间环境及存在的问题

（1）室外交通空间环境便捷性与舒适性不足。

受基地空间条件、机动车交通以及入院人行流线组织的相互影响，现有医院的外部交通空间多采用人车混行的方式，人车干扰较大；且由于大多缺乏设置即停即走的机动车上下客区，患病儿童在父母的陪同下入院的便捷性与舒适性不足，特别是在雨雪天气下这种情况更为突出。

（2）建筑立面形象普遍缺乏适儿化形象。

除新建的儿童医院外，各类型医院建筑立面普遍为传统的医疗建筑形式，缺乏通过形体塑造、色彩与灯光运用等来构建较为温馨活泼的建筑形象，以减弱儿童心理的抗拒感。

（3）紧张用地条件下室外景观环境设置不足。

总体而言，社区卫生服务中心的用地较为紧张，景观环境设置也相对较少；新建医院的景观环境要好于老院区。在紧张的用地条件下，如何结合多层面的室外空间资源创造出较好的室外景观环境，为儿童创造自然化的景观环境，缓解儿童就医时的不适情绪，是医院面临的较为普遍的问题之一。

（4）室外休憩活动空间普遍较为缺乏。

除新建医院外，普遍缺乏较为舒适的室外休憩空间与专门化的儿童室外活动场地；虽然在部分医院中结合花坛边缘设置了临时休息空间，但缺乏适儿化的空间场所营造，并且由于缺乏适当的人车关系处理，给儿童使用室外休憩活动空间带来一定的安全隐患。

（5）室内空间环境舒适性与趣味性尚不足。

已有部分医院通过设置彩色及儿童创意座椅、使用具有丰富色彩的墙面防撞材料、增添彩色墙面壁画等来创造儿童主题的空间场所，但仍有较大比例的医院环境仅以卡通贴纸等形式反映出儿童就医场所的特殊性，未能充分反映儿童有别于成人的差异性空间环境偏好，较为普遍地缺乏从“一米世界”进行公共空间的界面设计，提供具有童趣的空间环境，以环境舒适性来保证儿童良好的就医体验。特别是那些设有大型检查设备的房间（如CT室、核磁室等），可能让儿童在检查过程中产生恐惧心理。

（6）室内儿童活动空间缺乏现象较为普遍。

除部分新建医院对儿童活动空间有所考虑外，大多数儿童就医环境缺少专门化的儿童室内活动空间与相应活动设施，难以充分满足儿童在候诊时的多样性活动需求。在儿童就诊空间环境中，需尊重儿童的玩闹天性，结合儿童活动空间的设置，提升儿童就医体验。

3.3 儿童就医环境的适儿化发展诉求

3.3.1 儿童专科医院

在儿童专科医院适儿化设计调查中，受访者认为较好的采光通风、专门的儿童活动区域等儿童友好型设计比较重要，对婴儿车集中停放处与母乳喂养室的友好型设计关注度较低；受访者对卫生间的儿童专用设施、地面采用防滑及软质材料，以及墙面/家具采用防撞及软质材料的关注度较高，而对吸音降噪设施的关注度较低（图 3-4）。总体而言，在儿童专科医院中，除需要能够为儿童就医提供便捷、安全、舒适且富有童趣的就医环境外，还应配备专门的儿童活动空间，以契合儿童友好的目标要求。

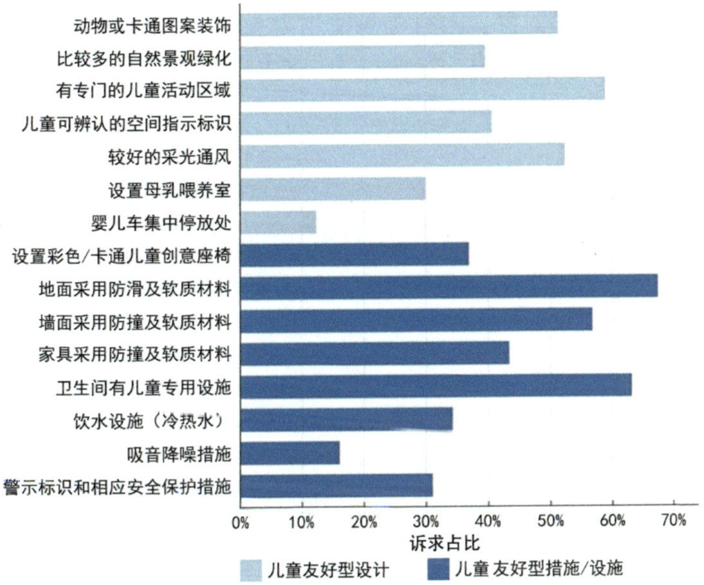

图 3-4 儿童专科医院适儿化设计调查

在儿童友好型环境设计调查中，受访者认为最需要进行适儿化更新的是候诊区，其次是输液室、门厅及儿童就诊相关的公共走廊；对诊室、医疗检查房间或大型仪器检查设备以及卫生间的更新期望比例在 30%—40% 之间（图 3-5）。这一结果表明，高频次与长时停留的就医环境是适儿化建设的重点。

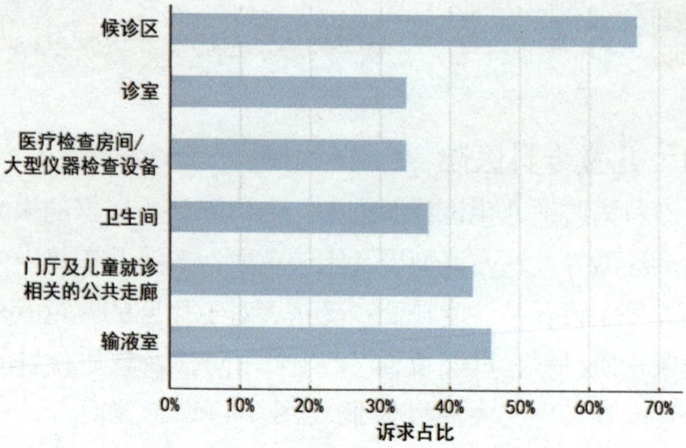

图 3-5　儿童友好型环境设计调查

在活动区域调查中，大部分受访者认为需要为候诊儿童提供活动区域，其中对在儿童保健科、内科等科室附近设置儿童活动区的诉求较高，而对在中医科、皮肤科及医学影像科等非高频科室附近设置儿童活动区的诉求相对较低（图 3-6）。

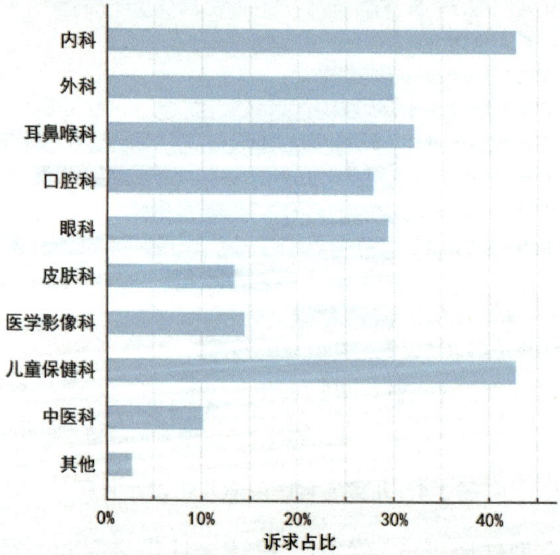

图 3-6　活动区域调查

在儿童活动区域功能形式调查中，受访者认为儿童活动区域需要采取的功能形式有儿童读物和趣味儿童个人玩具等，而对电视/电子产品的诉求较低（图 3-7）。在儿童活动区域的主要评价中，研究者发现受访者不去儿童活动区域的原因主要包括：① 不卫生，有点担心交叉感染；② 活动空间太小，使用的人太多；③ 缺少防护设施、害怕孩子磕碰。因而，儿童活动区需兼顾空间功能性与儿童生理、心理需求，满足安全性、便捷性、交互性、趣味性等设置要求，使其成为缓解患儿焦虑、提升就医体验的“治愈空间”，进而助力构建富有人文关怀的儿童就医环境（图 3-8）。

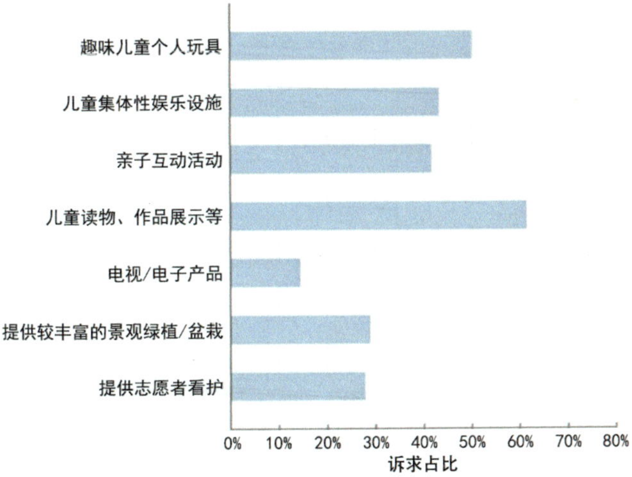

图 3-7　儿童活动区域功能形式调查

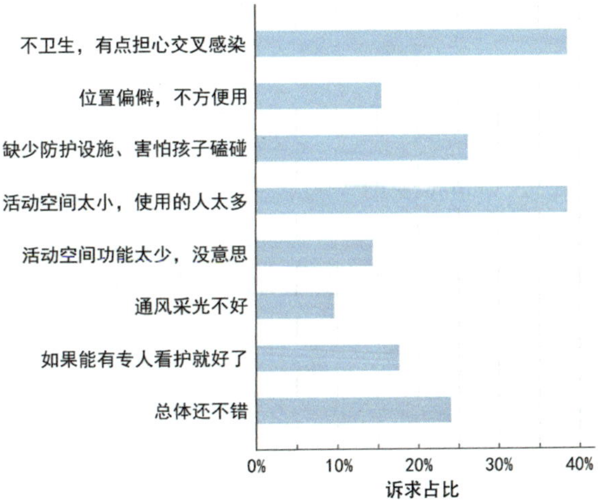

图 3-8　儿童活动空间的主要评价调查

在儿童友好型措施（外部空间环境）调查中，受访者认为清晰的空间引导标识、连接医院入口的风雨连廊、适合儿童心理的建筑形象及色彩设计以及实行人本分流的医院入口更为重要，而认为医院入口与公交站点之间的通行便捷性和不受机动车干扰的儿童室外活动空间重要性一般（图 3-9）。这一结果反映出，受访者更关注直接影响就医效率与儿童心理体验的环境要素，而对公共交通接驳及室外活动空间的需求尚未形成普遍共识，可能与目前儿童就医场景中“室内停留为主、室外活动为辅”的特点相关。

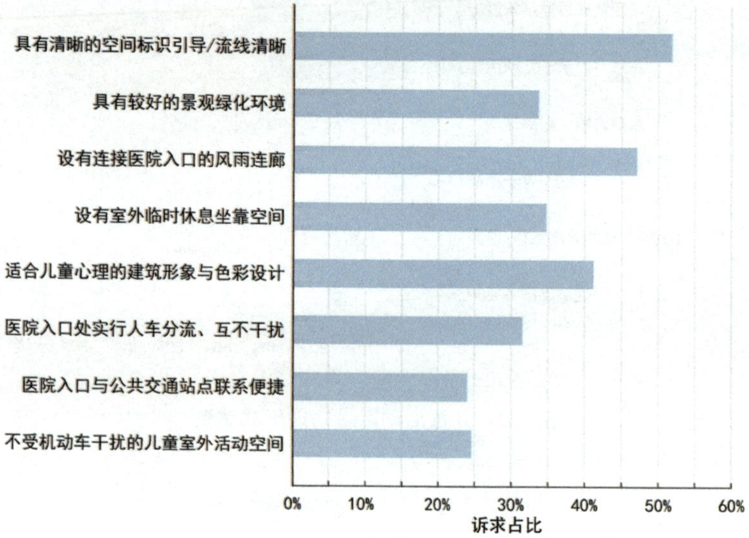

图 3-9 儿童友好型措施（外部空间环境）调查

儿童病房不仅是儿童接受治疗的场所，更是其成长与感受温暖的“第二生活空间”。对于患病儿童而言，在住院治疗过程中，舒适的环境能够有效缓解疾病带来的焦虑与不安情绪，助力病情康复。调查数据显示，受访者普遍对儿童病房的功能性、安全性及舒适性配置提出较高诉求：如设置儿童专用洗手间及热水系统，方便儿童日常清洁；设置儿童安全保护措施，避免意外发生；有专门的儿童活动区域，让孩子们在治疗之余能自由玩耍；良好的采光通风，让阳光与新鲜空气充分流通（图 3-10）。这些配置将共同构筑起医疗功能与生活温度兼具的病房环境。

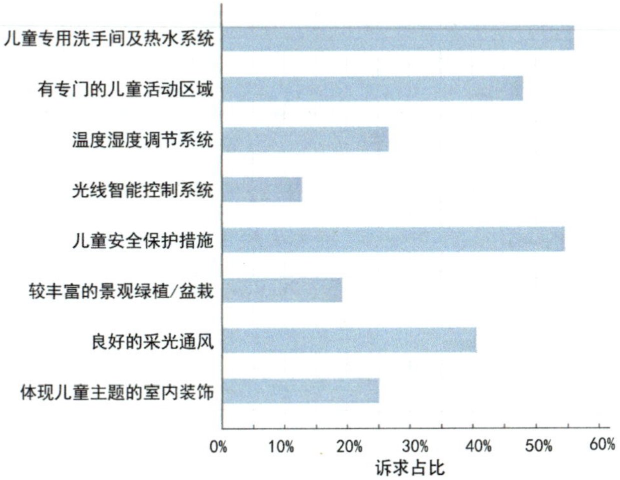

图 3-10 儿童病房空间调查

在关于医疗服务友好需求的调查中，受访者对儿童预检分级分诊服务和网上预约服务的诉求较高，凸显对高效就医流程的核心诉求。其次，对符合儿童认知的健康教育宣传栏（如卡通化疾病图解、互动式触屏科普）、定期儿童健康知识科普宣教及儿童活动空间安全看护也有着较高需求（图 3-11）。这些需求表明，家长不仅期望通过数字化手段优化就诊效率，同时希望医院通过场景化教育和人文关怀服务，降低儿童对医疗环境的抵触心理，构建“效率优先+温度并行”的儿童医疗服务体系。

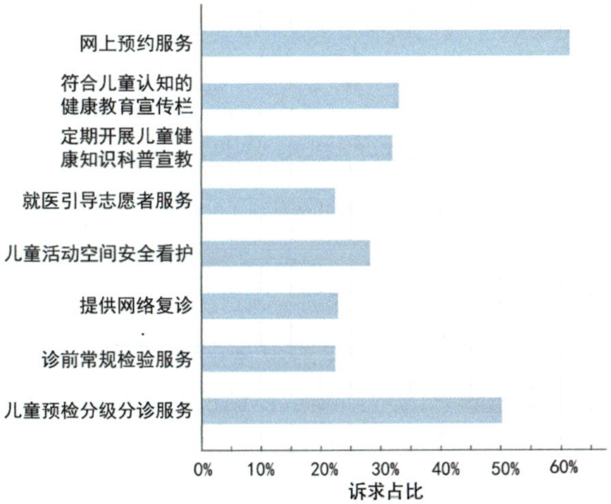

图 3-11 医疗服务友好需求调查

总体而言，受访者对儿童专科医院就医环境与医疗服务的总体评价值不高（低于0.9），尚未到达较满意的分值（1.0），并且不同空间环境的评价值差异（0.63—0.85）并不显著。其中相对较满意的就医环境是儿科诊室及候诊区、入口门厅及公共走廊空间、室内外空间的标识引导以及医疗检查房间等；而满意度相对较低的是医院机动车临时上下客空间环境、室外停留与活动空间环境以及卫生间等（图3-12）。这表明儿童专科医院适儿化建设仍待进一步推进，特别是在交通接驳建设、室外活动与休憩空间营造以及卫生设施优化等方面具有较大提升空间，需通过精细化空间环境更新与医疗服务优化，系统性完善不同就医空间场景的适儿化体验。

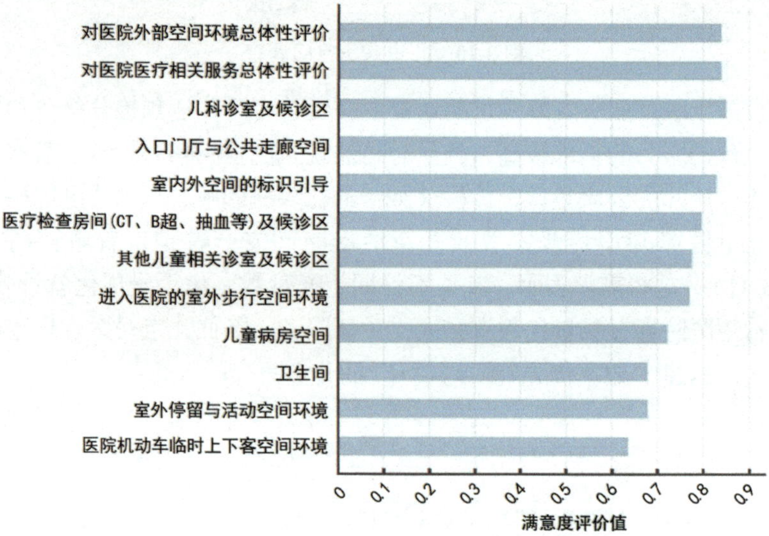

图3-12 医院环境与医疗服务的满意度调查

（满意度评价的赋值：不满意-2，较不满意-1，一般0，较满意1，满意2）

3.3.2 综合医院

在综合医院适儿化设计调查中，受访者将较好的采光通风、有专门的儿童活动区域、儿童可辨认的空间指示标识视为儿童友好型设计最重要的三项指标，分别对应了儿童就医过程中的生理舒适、游玩天性与认知友好诉求；在儿童友好型措施/设施方面，受访者对卫生间儿童专用设施、地面采用防滑及软质材料、墙面/家具采用防撞及软质材料、设置彩色/卡通儿童创意座椅等诉求较高，体现了对设施便利性、安全性与童趣化的要求（图 3-13）。因此，在综合医院复杂流线与多样人群共存的就医环境中，需结合儿童诊疗空间布局，进行流线组织与空间引导优化，并针对儿科门诊、候诊区等儿童高频活动空间实施精准性适儿化更新，塑造出儿童友好的就医环境。

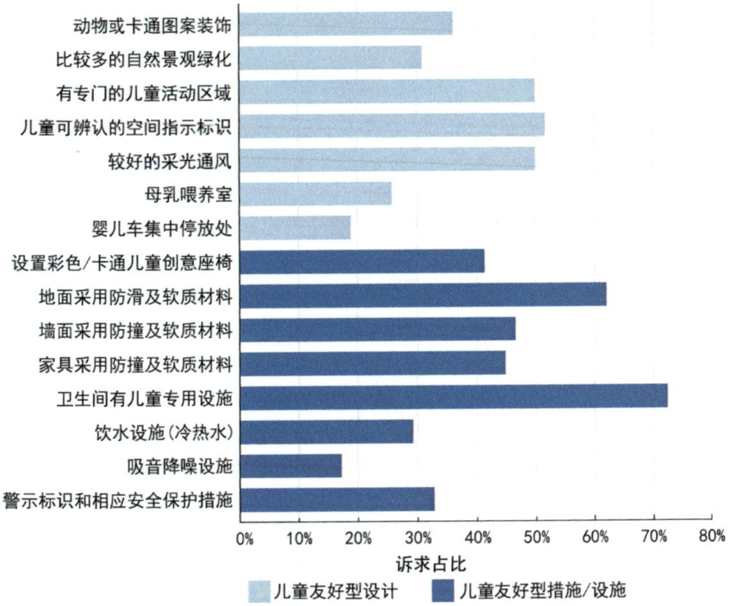

图 3-13 综合医院适儿化设计调查

在儿童友好型空间环境调查中，近 80%的受访者明确将儿童候诊等待区列为适儿化改造的首要目标，诊室、医院门厅及与儿童就诊相关的公共走廊，也被受访者认定为亟需开展儿童友好设计的关键场所。这些区域既包含了儿童进入医院后形成室内就医环境初始认知的“第一接触空间”，也涵盖了承载候诊、治疗功能的“目标场所”，构成了串联挂号、候诊、问诊等全流程的空间链条。其适儿化环境建设水平，对优化儿童就医体验具有重要影响。值得关注的是，在综合医院中，输液室与卫生间的适儿化设计诉求同样显著，超四成受访者表达了对此类功能空间进行适儿化建设的改造的诉求（图 3-14）。

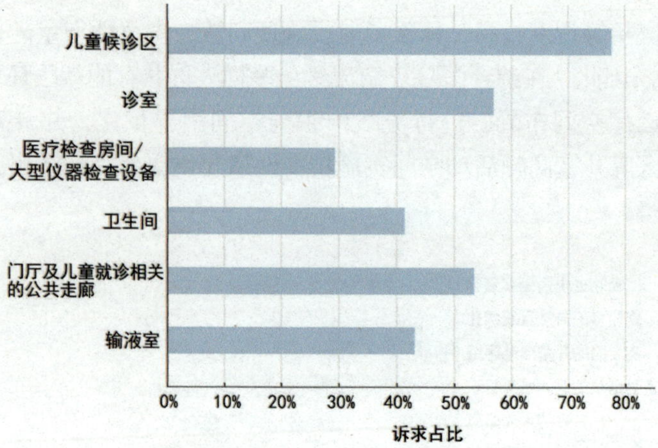

图 3-14　儿童友好型环境设计调查

在儿童活动区域功能形式需求调查中，受访者对各类功能优先级差异显著：对儿童读物、作品展示，趣味儿童个人玩具的设置诉求超 60%，对儿童集体性娱乐设施、亲子互动活动的设置诉求超 40%，对较丰富的景观绿植/盆栽的设置诉求超 35%，对电视/电子产品的设置诉求最低（图 3-15）。这一结果与儿童专科医院的活动区设置倾向相似，表明设置儿童活动区不仅是对儿童玩闹天性的尊重，更希望通过阅读启蒙、社交互动、自然元素等非屏幕化场景，将人文关怀渗透于就医过程，有效缓解儿童对医疗环境的无聊、烦躁等负面情绪，营造兼具趣味性与安抚性的诊疗等候空间。

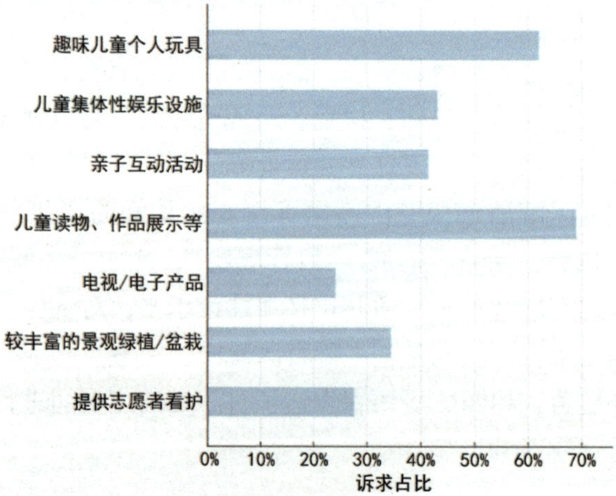

图 3-15　儿童活动区域功能形式调查

图 3-16 的调研数据显示，在综合性医院儿童活动空间的主要评价调查中，仅有不足 20%的受访者对儿童活动空间给予认可，整体满意度处于较低水平。受访者选择不使用儿童活动空间的主因呈现出明显的层次性与关联性：① 活动空间规模受限，使用人群密集，拥挤状况致使体验感下降；② 空间卫生情况待提升，交叉感染风险引发家长对健康和安全的担忧；③ 防护设施不足，儿童活动存在磕碰隐患；④ 功能单一、缺乏趣味性，难以满足儿童多样化需求。这些结构性问题不仅降低了儿童活动区利用率，而且暴露出儿童活动空间在空间规模、安全性、功能性等方面的不足，制约了儿童活动空间作为缓解就医焦虑、助力身心康复的“治愈空间”功能的有效发挥，需要从儿童活动区的选址布局、规模控制、设施配套、安全性等多维度进行系统性优化。

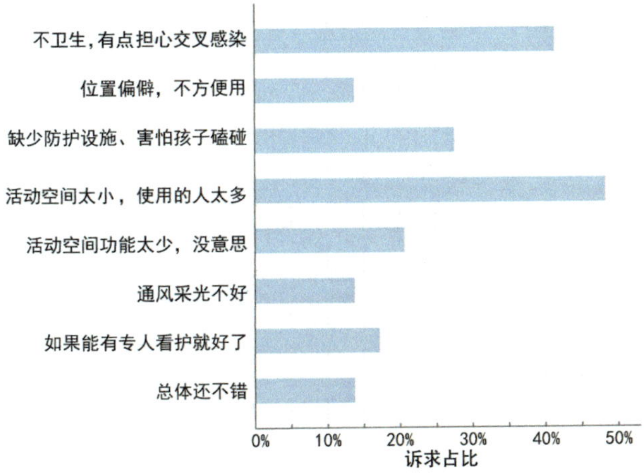

图 3-16　儿童活动空间的主要评价调查

在儿童友好型措施（外部空间环境）调查中，受访者认为具有清晰的空间标识引导/流线清晰、设有连接医院入口的风雨连廊、适合儿童心理的建筑形象与色彩设计是最为重要的三项外部空间环境适儿化措施（图 3-17）。与社区医院不同的是，综合医院人流、车流较大，在室外环境中，受访者更关注标识系统；综合医院的儿科诊室只是医院的一小部分，所以建筑外立面没有考虑相关的儿童友好设计，与儿童专科医院相比，建筑外立面更加严肃。

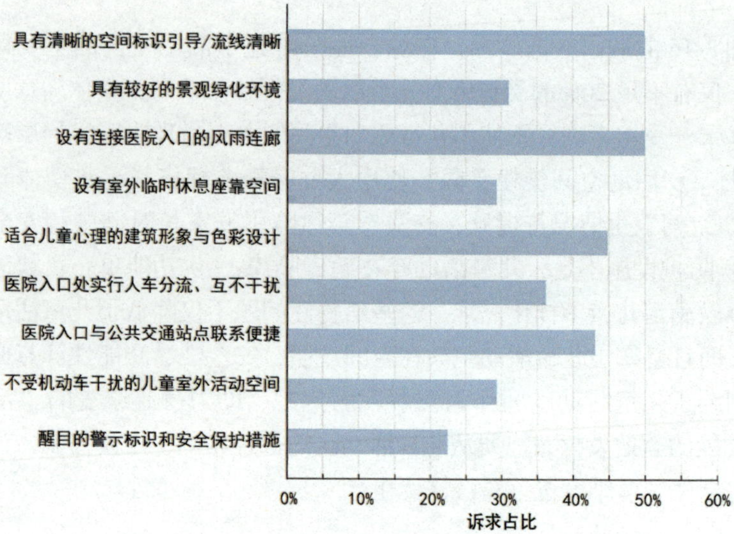

图 3-17　儿童友好型措施（外部空间环境）调查

在儿童病房空间的适儿化设施诉求方面，儿童安全保护措施、儿童专用洗手间及热水系统、有专门的儿童活动区域、良好的采光通风等指标与儿童专科医院呈现基本一致的需求（图 3-18）。可见，不同类型的医疗卫生服务设施的病房空间适儿化诉求，在保障儿童安全、优化功能配置、提升环境舒适性等核心维度上具有共通性，均需构建医疗功能与人文关怀并重的空间环境。

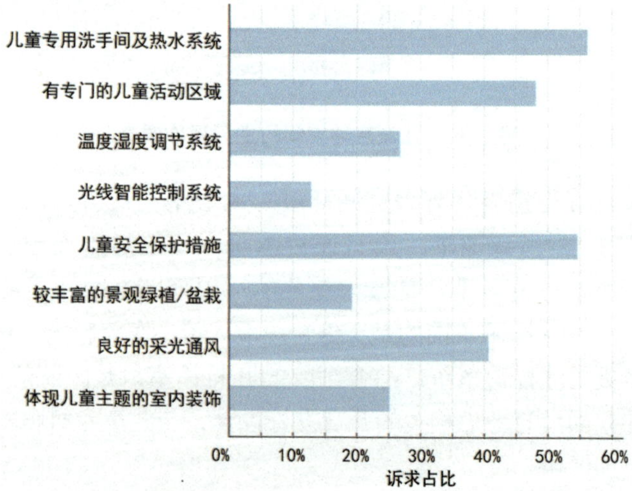

图 3-18　儿童病房空间调查

在医院医疗服务友好需求调查中，受访者诉求呈现显著分层：对提供儿童预检分级分诊服务的诉求达65%，对提供儿童挂号专用通道与网上预约服务的诉求达55%，设置符合儿童认知的健康教育宣传栏的诉求近40%，提供定期开展儿童健康知识科普宣教、儿童活动空间安全看护、网络复诊的诉求近30%，对提供诊前常规检验服务与就医引导志愿者的诉求约20%（图3-19）。可见，在综合医院中，家长们对就医过程效率、数字化便捷性、适儿化健康传播等方面的医疗服务诉求较为迫切。

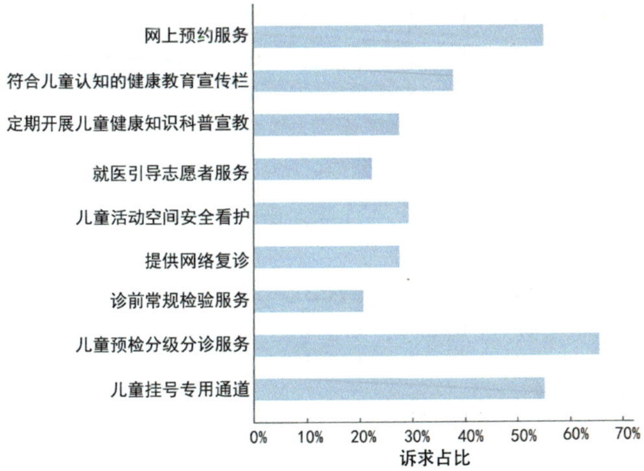

图3-19 医疗服务友好需求调查

总体而言，受访者对综合医院就医环境与医疗服务的总体评价值均不高，分别为0.75和0.85，尚未达到较满意的分值（1.0）。从就医环境细分来看，入口门厅及公共走廊空间、儿科诊室及候诊区、室外步行空间等区域满意度较高（0.7—0.8），体现了对空间动线设计及诊疗区域适儿化布局的认可；但室外停留与活动空间环境、卫生间满意度显著偏低（均<0.6），表明综合医院在室外儿童休憩与活动区域空间建设、儿童专用卫生设施配置等方面相对不足（图3-20）。因此，综合医院在整体推进儿童就医空间适儿化建设时，需重点室外公共空间的适儿化改造，并强化儿童专用卫生设施的供给标准与便捷性，以提升儿童友好空间资源的可用性与舒适性。

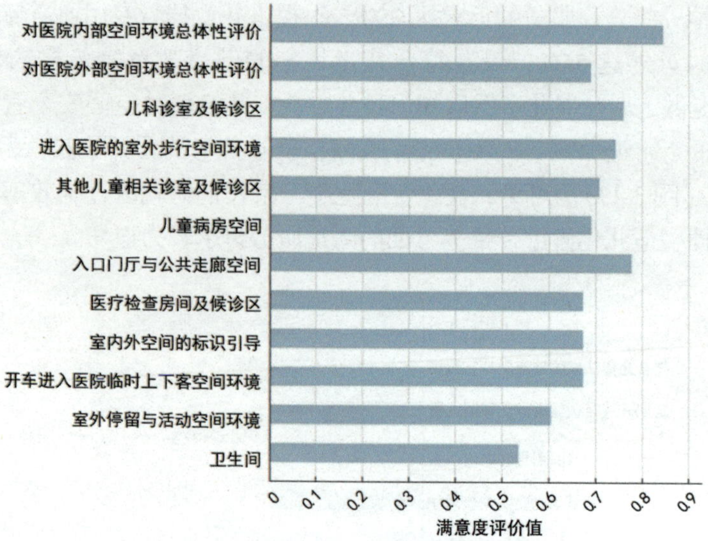

图 3-20　医院环境与医疗服务的满意度调查

（满意度评价的赋值：不满意-2，较不满意-1，一般 0，较满意 1，满意 2）

3.3.3　社区卫生服务中心

1. 社区卫生服务中心适儿化建设的总体发展诉求

在社区卫生服务中心适儿化设计调查中，受访者认为较好的采光通风、专门的儿童活动区域以及儿童可辨认的空间指示标识等儿童友好型设计比较重要；对婴儿车集中停放处以及设置母乳喂养室的友好型设计关注度较低。由此可见，清晰的引导标识与供儿童活动的场所更能为家长带孩子就医提供便利。

在儿童友好型措施/设施调查中，受访者对社区卫生服务中心设施便利性、安全性与童趣化的需求较为突出，其中对卫生间有儿童专用设施的诉求占比近 80%，对地面采用防滑及软质材料、墙面/家具采用防撞及软质材料的诉求分别占 48%和 62%，对设置彩色/卡通儿童创意座椅的诉求占 40%。（图 3-21）

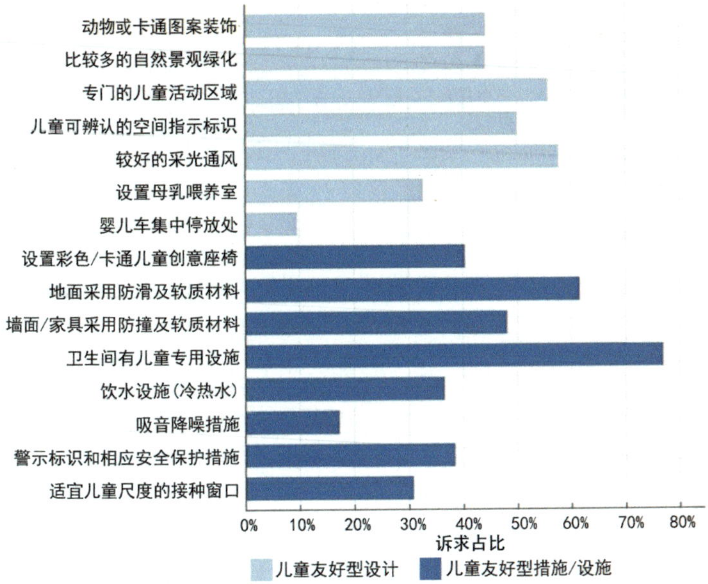

图 3-21　社区卫生服务中心适儿化设计调查

在儿童友好型环境设计调查中，受访者认为儿童候诊区、预防接种留观区以及诊室等区域比较需要进行儿童友好型环境设计，认为门厅及儿童就诊相关的公共走廊与中医门诊不太需要进行儿童友好型环境设计（图 3-22）。这也从侧面反映出社区卫生服务中心为儿童提供的医疗服务主要为预防接种，接受中医诊疗的儿童群体占少数。

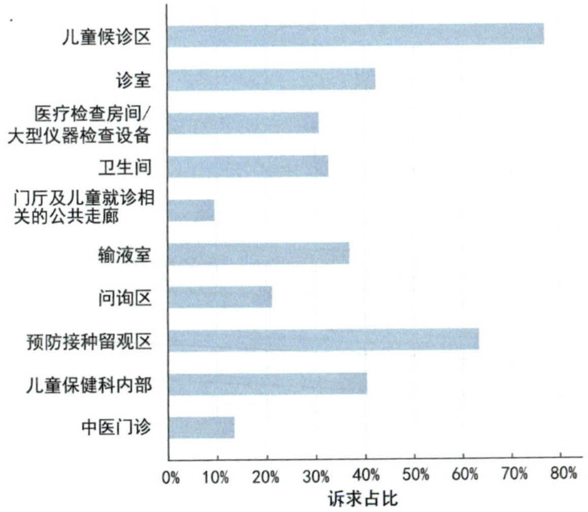

图 3-22　儿童友好型环境设计调查

在社区卫生服务中心儿童活动区域设置专项调查中，受访者认为，在儿科门诊候诊区附近、景观较好的室外庭院附近以及预防接种留观区附近最有必要为候诊儿童提供活动区域，而对于在中医门诊附近设置儿童活动区域的需求相对较低（图3-23）。就医过程中，儿童需要承受的不仅是疾病带来的生理痛苦，而且还需面对陌生医疗环境与长时间等待引发的焦躁不安、恐慌抗拒等负面情绪。设置儿童活动区域不仅为患儿提供了嬉戏玩乐的空间，还能有效缓解家长全程看护的身心压力。特别是在景观优越的室外庭院周边设置儿童活动区域，既能让患儿在候诊间隙沉浸式体验玩耍的乐趣，还能借助自然景观中丰富的色彩、形态与动态元素，分散儿童注意力，舒缓其紧张情绪，让他们在轻松的氛围中度过就诊时光，促进其在就医过程中身心的双重疗愈。

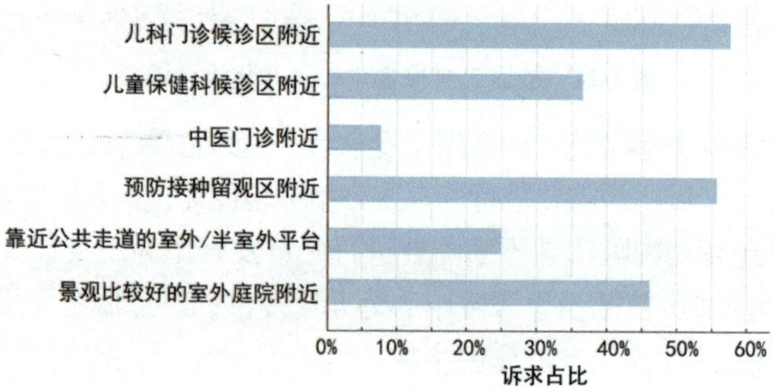

图3-23　活动区域调查

在儿童活动区域功能形式调查中，受访者认为儿童活动区域需要具备的功能形式有儿童读物、作品展示等，亲子互动活动以及儿童集体性娱乐设施等，而电视/电子产品与志愿者看护可以不出现在儿童活动区域（图3-24）。家长们更期待在就医过程中，通过阅读、亲子互动、社交活动、自然元素等非屏幕化场景，让儿童感受到特殊关爱。然而调研发现，受访者对儿童活动空间的总体评价不高，认为总体还不错的不到25%，其中较为突出的问题有：① 不卫生，有点担心交叉感染；② 活动空间太小、使用的人太多等；③ 缺少防护设施，害怕孩子磕碰。由此可见，社区卫生服务中心在进行儿童活动空间建设时，需将安全性提升与空间规模优化作为核心考量，同时兼顾功能丰富性与环境舒适度，以提升儿童的活动参与度（图3-25）。

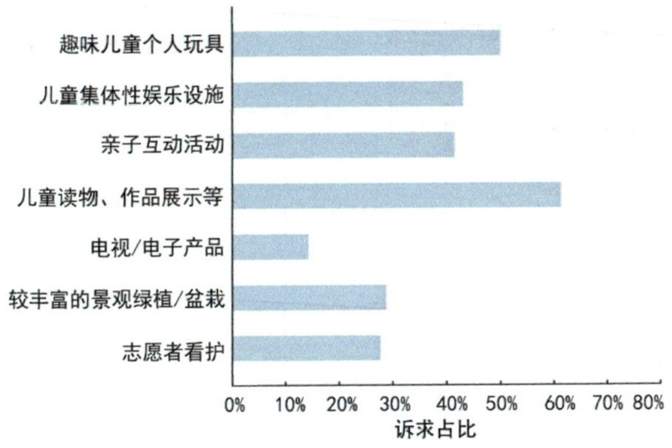

图 3-24　儿童活动区域功能形式调查

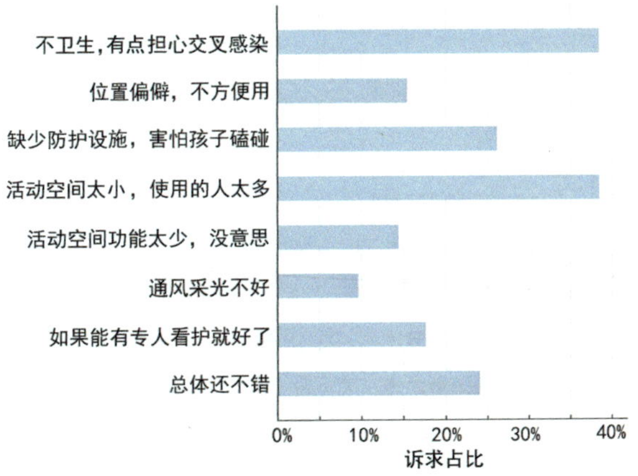

图 3-25　儿童活动空间的主要评价调查

在儿童友好型措施（外部空间环境）专项调查中，受访者认为具有清晰的空间引导标识与流线、设有连接医院入口的风雨连廊、适合儿童心理的建筑形象及色彩设计、不受机动车干扰的儿童室外活动空间等要素较为重要（图 3-26）。与此同时，医疗服务友好需求调研数据表明，家长群体对便捷高效的网上预约挂号服务、以及常态化开展的儿童健康知识科普宣教活动表现出较高的关注度。上述结果反映出，在推进社区卫生服务中心适儿化建设中，不仅要着重提升儿童就医交通环境的便利性、舒适度以及就医过程中的心理关怀，还应结合多样化的科普宣教特色活动，以提供“预防–诊疗–健康管理”全周期服务，构建覆盖环境、服务、健康管理的系统性儿童友好的社区健康服务环境（图 3-27）。

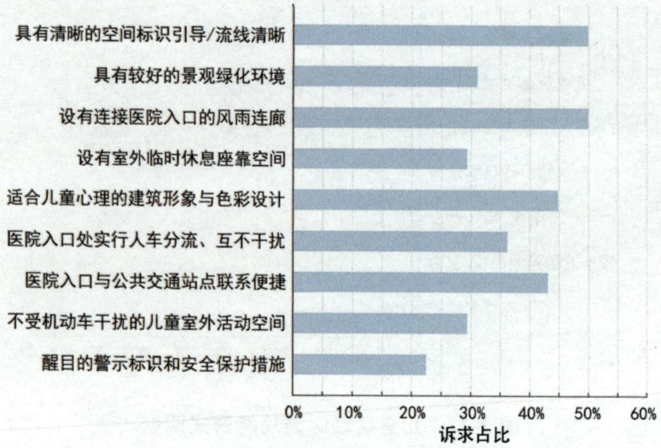

图 3-26 儿童友好型措施（外部空间环境）调查

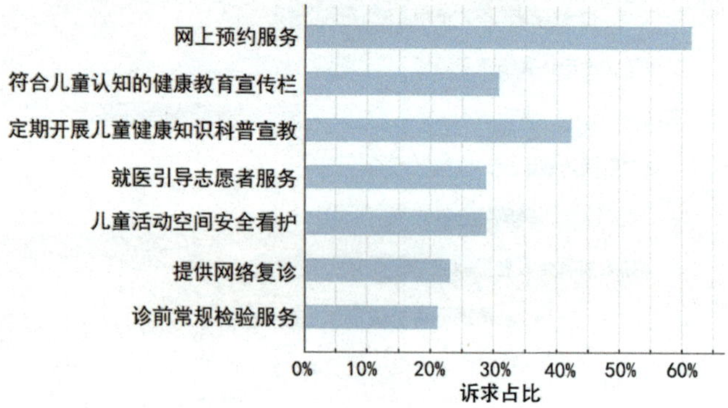

图 3-27 医疗服务友好需求调查

总体而言，受访者对社区卫生服务中心就医环境与医疗服务的总体评价值均不高（0.94），尚未达到较满意的分值（1.0）。从就医环境细分来看，儿童保健门诊及候诊区，预防接种区及留观区，儿科诊室及候诊区以及入口门厅与公共走廊空间等适儿化设计获得了认可，满意度达到了 1.0；进入医院的室外步行空间环境、中医诊室及候诊区、卫生间等的满意度也超过了 0.9；而对于医疗检查房间及候诊区、医院机动车临时上下客空间环境、室外停留与活动空间环境以及其他儿童相关诊室及候诊区的满意度评价相对较低（图 3-28）。并且，社区卫生服务中心作为承担儿童基础医疗、健康教育与预防保健功能的医疗服务机构，具有数量多、类型复杂的特征，不同类型社区卫生服务中心适儿化建设的空间资源可用性与建设水平存在较大差异。因而，在推进社区卫生服务中心的适儿化建设时，迫切需要针对不同类型社区卫生服务中心的空间环境实施差异化的更新优化策略。

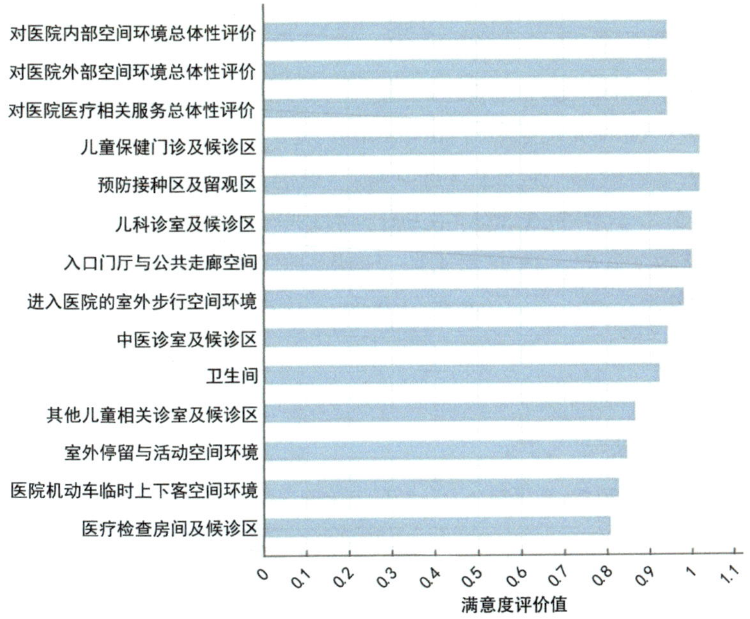

图 3-28 医院环境与医疗服务的满意度调查

（满意度评价的赋值：不满意-2，较不满意-1，一般 0，较满意 1，满意 2）

2. 不同类型社区服务中心空间环境适儿化需求分析

为充分厘清不同类型社区卫生服务中心的空间环境适儿化建设需求，针对具体的空间环境适儿化建设指标要素进行了横、纵向分析，包括问卷数据的信效度分析、需求指标属性分析、需求优先级排序等三部分，进而判断同一类型中每一项的需求类型和需求优先级。

本次调研采用线下问卷调查的形式，针对社区卫生服务中心就诊儿童发放纸质问卷进行调查，调研时间为 2023 年 10 月底—11 月初。不同类型的社区卫生服务中心根据当天的情况发放 20 份左右的问卷，共发放 170 份问卷，剔除被调研者填写问卷时间过短、填写内容相互矛盾或填写内容一样的问卷，获得有效问卷 162 份，被调研者中男生占 45.06%，女生占 54.94%；还未上幼儿园的儿童占 39.51%，幼儿园儿童占 20.99%，小学儿童占 27.77%，初高中生占 11.73%。

(1) 独立-开放融合式。

针对苏州市“独立-开放融合式”社区卫生服务中心，向三香社区卫生服务中心以及娄江社区服务中心发放问卷。

① 问卷信效度分析。

将收集到的数据导入 SPSS 中，进行信效度检验，最后结果参考表 3-31。从中我们可以了解到，一共有 18 项需求，它们所对应的正向与反向问题的 Cronbach α 系数（Cronbach α 系数，即克隆巴赫 α 系数，是一种用于评估量表内部一致性的统计指标。取值范围为 0—1，一般认为 $\alpha \geq 0.7$ 信度良好）分别为 0.864、0.901，数据接近于 1，表明问卷所得到的反馈信息有效。同时，18 项需求所对应的正向和反向问题的 KMO 测度值分别为 0.629、0.520，Bartlett 值 [Bartlett 球形检验是因子分析中用于判断变量间是否存在显著相关性的统计方法，显著性水平（p）<0.05 时，问卷数据才具有结构效度，才适合进行因子分析] 都低于 0.01，表明该调研方法的结构较为完善。

表 3-31 “独立-开放融合式”社区卫生服务中心问卷信效度分析结果

类别	Cronbach α 系数	KMO 测度值	Bartlett 球形值 (sig)	项数
Kano 正向问题	0.864	0.629	0.000	18
Kano 反向问题	0.901	0.520	0.000	18

② 需求属性分析。

分析整理有效的调研问卷，将每一个需求项的属性归类个数进行统计，再根据 SI（Satisfaction Index，满意度指数）和 DI（DisSatisfaction Inolex，不满意指数）计算公式分别得出它们的系数（表 3-32），最终通过 better-worse 系数来确定最终各需求项归属于哪一类需求属性，并绘制四分位图进行分析（图 3-29）。

表 3-32 “独立-开放融合式”社区卫生服务中心儿童友好需求项 Kano 结果统计表

序号	空间	需求项	A	O	M	I	R	属性	Better	Worse
A1	室外	机动车上下客区	14	5	2	17	0	I	50.00%	-18.42%
A2		空间指示标识	9	17	7	5	0	O	68.42%	-63.16%
A3		城市公交站点	14	14	3	7	0	O	73.68%	-44.74%

续表

序号	空间	需求项	A	O	M	I	R	属性	Better	Worse
A4	室内	卫生间儿童专用设施	15	15	2	6	0	O	78.95%	-44.74%
A5		空间导引标识	20	10	4	4	0	A	78.95%	-36.84%
B1	室外	交通组织	5	24	4	5	0	O	76.32%	-73.68%
B2		路面/设施材料	18	14	3	3	0	A	84.21%	-44.74%
B3	室内	墙面/地面等材料	15	17	3	3	0	O	84.21%	-52.63%
C1	室外	风雨连廊	19	16	1	2	0	A	92.11%	-44.74%
C2		休息坐靠设施	18	12	2	6	0	A	78.95%	-36.84%
C3		景观绿化环境	22	10	0	6	0	A	84.21%	-26.32%
C4	室内	景观盆栽	20	9	0	9	0	A	76.32%	-23.68%
C5		候诊座椅	19	10	3	5	1	A	78.38%	-35.14%
D1	室外	儿童活动空间	26	5	0	7	0	A	81.58%	-13.16%
D2		建筑形象与色彩	25	6	0	7	0	A	81.58%	-15.79%
D3	室内	空间装饰	28	6	0	4	0	A	89.47%	-15.79%
D4		空间色彩	26	9	0	3	0	A	92.11%	-23.68%
D5		儿童活动空间	21	13	1	3	0	A	89.47%	-36.84%

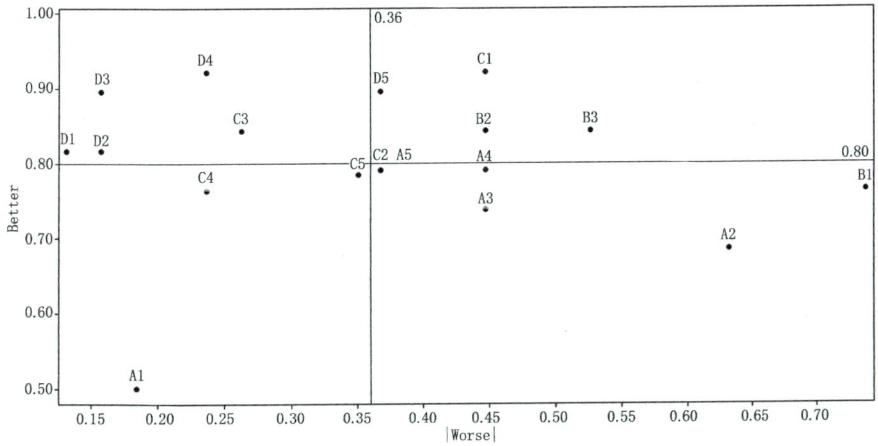

图 3-29 “独立-开放融合式”社区卫生服务中心儿童友好需求项满意系数四分位图

根据绘制的需求项满意系数四分位图，可以看出“独立-开放融合式”

社区卫生服务中心有15项属于重要要素，其中6项为必备型需求、4项为期望型需求、5项为魅力型需求。具体结果见表3-33。

表3-33　“独立–开放融合式”社区卫生服务中心儿童友好需求项需求属性汇总表

需求属性	序号	需求项	需求属性	序号	需求项
必备型需求（M）	A2	空间指示标识	魅力型需求（A）	C3	景观绿化环境
	A3	城市公交站点		D1	儿童活动空间
	A4	卫生间儿童专用设施		D2	建筑形象与色彩
	A5	空间导引标识			
	B1	交通组织		D3	空间装饰
	C2	休息坐靠设施		D4	空间色彩
期望型需求（O）	B2	路面/设施材料	无差异型需求（I）	A1	机动车上下客区
	B3	墙面/地面等材料			
	C1	风雨连廊		C4	景观盆栽
	D5	儿童活动空间		C5	候诊座椅

③ 需求项优先级分析。

结合需求属性归类以及按照ASC（Average Satisfaction Coefficierct，平均满意度系数）由高到低绘制的折线图（图3-30）来看，被调研者对空间指示标识（A2）、城市公交站点（A3）、卫生间儿童专用设施（A4）、空间导引标识（A5）、交通组织（B1）、休息坐靠设施（C2）表现出很高的依赖性，属于必备型需求，其中便捷性诉求的占比最大，应该优先考虑这六个需求项的完善。被调研者对路面/设施材料（B2）、墙面/地面等材料（B3）、风雨连廊（C1）、儿童活动空间（D5）除了表现出较高的依赖性外，还有较高的期待性，说明室内外道路设施材料选择的安全性、恶劣天气下步行的舒适性以及室内拥有儿童活动空间对适儿化建议起基础保障作用，同时儿童对其还有更高的期待值，也反映了这些需求项是需要重视升级的。景观绿化环境（C3）、儿童活动空间（D1）、建筑形象与色彩（D2）、空间装饰（D3）、空间色彩（D4）属于魅力型需求，被调研者对这些具有较高的期待性，说明室内外的趣味性设计以及室外的景观绿化应尽量满足儿童的诉求，这对于提高被调研者对它们的满意度有很好的效果。

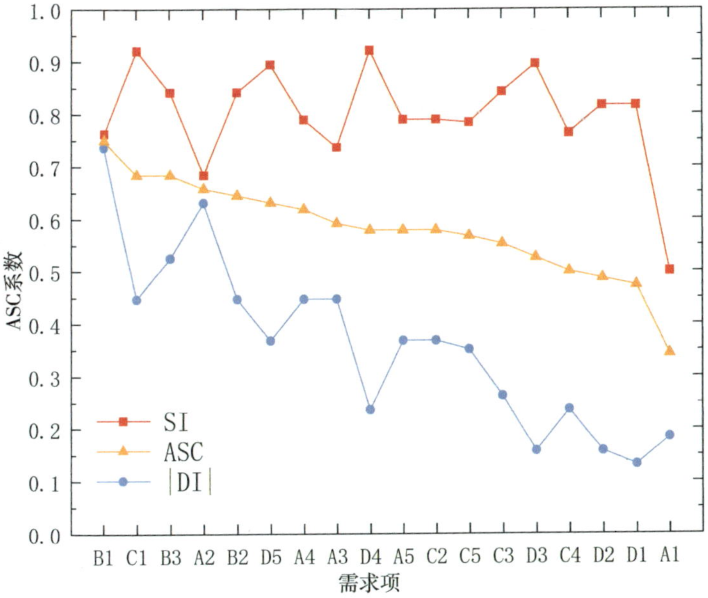

图 3-30 “独立-开放融合式”社区卫生服务中心儿童友好需求项满意度折线图

“独立-开放融合式”社区卫生服务中心室外空间环境的适儿化更新需求项优先顺序建议为 B1>A2>A3>C2>C1>B2>C3>D2>D1。

室内空间环境的适儿化更新优先顺序建议为 A4>A5>B3>D5>D4>D3。

(2) 独立-封闭分离式。

针对苏州市“独立-封闭分离式”社区卫生服务中心，向车坊社区卫生服务中心以及平江新城社区卫生服务中心发放问卷。

① 问卷效信度分析。

将收集到的数据导入 SPSS 中，进行信效度检验，最后结果参考表 3-34。从中我们可以了解到，一共有 18 项需求，它们所对应的正向与反向问题的 Cronbach α 系数分别为 0.903、0.885，数据接近于 1；KMO 测度值分别为 0.671、0.704，Bartlett 球形值都低于 0.01，结果表明问卷的信效度符合要求。

表 3-34 “独立-封闭分离式”社区卫生服务中心问卷信效度分析结果

类别	Cronbach α 系数	KMO 测度值	Bartlett 球形值	项数
Kano 正向问题	0.903	0.671	0.000	18
Kano 反向问题	0.885	0.704	0.000	18

② 需求属性分析。

在分析整理有效的调研问卷数据时，首先对每一个需求项的属性进行归类统计，明确各需求项在问卷中的出现频次和分布情况；随后，根据SI（满意度指数）和DI（不满意指数）的计算公式，得出各需求项的系数（表3-35）。SI系数反映了用户对某项需求的满意程度，而DI系数则体现了用户对该需求未被满足时的失望程度。通过计算better-worse系数（SI与DI的差值），可以进一步将各需求项划分为四类需求属性：必备需求、期望需求、魅力需求和无差异需求，并绘制四分位图进行分析（图3-31）。

表3-35 “独立-封闭分离式”社区卫生服务中心儿童友好需求项Kano结果统计表

序号	空间	需求项	A	O	M	I	R	属性	Better	Worse
A1	室外	机动车上下客区	5	8	1	25	0	I	33. 33%	-23. 08%
A2		空间指示标识	9	25	2	2	0	O	89. 47%	-71. 05%
A3		城市公交站点	9	13	5	10	2	O	59. 46%	-48. 65%
A4	室内	卫生间儿童专用设施	18	14	3	4	0	A	82. 05%	-43. 59%
A5		空间导引标识	21	10	3	5	0	A	79. 49%	-33. 33%
B1	室外	交通组织	2	27	6	4	0	O	74. 36%	-84. 62%
B2		路面/设施材料	12	18	1	8	0	O	76. 92%	-48. 72%
B3	室内	墙面/地面等材料	15	17	1	6	0	O	82. 05%	-46. 15%
C1	室外	风雨连廊	17	15	4	3	0	A	82. 05%	-48. 72%
C2		休息坐靠设施	11	12	4	10	1	O	62. 16%	-43. 24%
C3		景观绿化环境	18	9	0	12	0	A	69. 23%	-23. 08%
C4	室内	景观盆栽	20	7	0	12	0	A	69. 23%	-17. 95%
C5		候诊座椅	25	7	1	6	0	A	82. 05%	-20. 51%
D1	室外	儿童活动空间	23	4	1	11	0	A	69. 23%	-12. 82%
D2		建筑形象与色彩	23	4	0	11	1	A	71. 05%	-10. 53%
D3	室内	空间装饰	26	4	1	8	0	A	76. 92%	-12. 82%
D4		空间色彩	23	5	0	11	0	A	71. 79%	-12. 82%
D5		儿童活动空间	22	12	2	3	0	A	87. 18%	-35. 90%

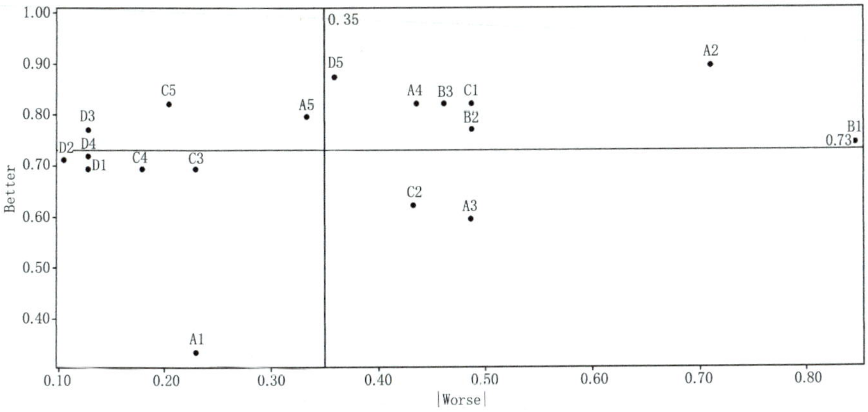

图 3-31 “独立-封闭分离式”社区卫生服务中心儿童友好需求项满意系数四分位图

根据绘制的需求项满意系数散点图，可以得出“独立-封闭分离式”社区卫生服务中心有 12 项属于重要要素，其中 2 项为必备型需求、7 项为期望型需求、3 项为魅力型需求。具体结果见表 3-36。

表 3-36 “独立-封闭分离式”社区卫生服务中心儿童友好需求次需求属性汇总表

需求属性	序号	需求项	需求属性	序号	需求项
必备型需求（M）	A3	城市公交站点	魅力型需求（A）	A5	空间导引标识
				C5	候诊座椅
	C2	休息坐靠设施		D3	空间装饰
期望型需求（O）	A2	空间指示标识	无差异型需求（I）	A1	机动车上下客区
	A4	卫生间儿童专用设施		C3	景观绿化环境
	B1	交通组织		C4	景观盆栽
	B2	路面/设施材料		D1	儿童活动空间
	B3	墙面/地面等材料		D2	建筑形象与色彩
	C1	风雨连廊			
	D5	儿童活动空间		D4	空间色彩

③ 需求项优先级分析。

结合需求的属性归类以及按照 ASC 由高到低绘制的折线图（图 3-32）来看，被调研者对城市交通站点（A3）、休息坐靠设施（C2）表现出较高的依赖性，但是它们的 SI 数值又较低，总体呈现高依赖低期待，属于必备型需求。城市公交站点为基础性设施，人们对其本身的使用就具有较强的依赖性，而对休息坐靠设施表现出较高依赖性的原因可能是“独立-封闭分离式”社区卫生服务中心院内室外场地相对较大，儿童行走距离较远，容易产生走走停停的现象。所以这两项应该优先考虑完善，根据ASC、DI数值，判断这两项的优先顺序为A3>C2。

被调研者对交通组织（B1）、空间指示标识（A2）具有最强依赖性，为保障儿童的出行安全以及寻路便捷的需求，需优先考虑；被调研者对卫生间儿童专用设施（A4）、路面/设施材料（B2）、墙面/地面等材料（B3）、风雨连廊（C1）具有较高的依赖性以及期待性，这些设计直接关系到儿童的活动安全性，建议优先保障卫生间使用便捷性及恶劣天气室外行走舒适性，根据ASC、DI数值，期望型需求中需求项顺序建议为B1>A2>C1>B3>B2>A4>D5。

被调研者对空间导引标识（A5）、候诊座椅（C5）、空间装饰（D3）这三个需求项均具有很高的期待性，但是依赖性又较低，属于魅力型需求，在有条件的情况下应尽可能发展完善。

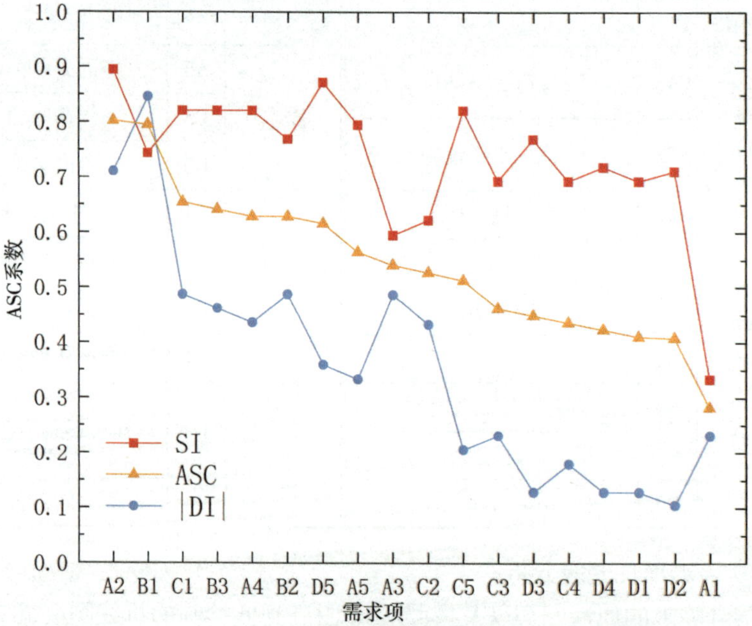

图3-32 “独立-封闭分离式”社区卫生服务中心儿童友好需求项满意度折线图

“独立-封闭分离式”社区卫生服务中心室外空间环境的适儿化更新需求项优先顺序建议为A3>C2>B1>A2>C1>B2。

室内空间环境的适儿化更新需求项优先顺序建议为B3>A4>A2>C5>D3。

(3) 混合-开放融合式。

针对苏州市“混合-开放融合式”社区卫生服务中心，向沧浪新城社区卫生服务中心以及白莲社区卫生服务中心发放问卷。

① 问卷信效度分析。

将收集到的数据导入SPSS中，进行信效度检验，最后结果参考表3-37。从中我们可以了解到，一共有18项需求，它们所对应的正向与反向问题的Cronbach α系数分别为0.860、0.881，数据接近于1；KMO测度值分别为0.580、0.715，Bartlett球形值都低于0.01，结果表明问卷的信效度符合要求。

表3-37 “混合-开放融合式”社区卫生服务中心问卷信效度分析结果

类别	Cronbach α系数	KMO测度值	Bartlett球形值	项数
Kano正向问题	0.860	0.580	0.000	18
Kano反向问题	0.881	0.715	0.000	18

② 需求属性分析。

分析整理有效的调查问卷，将每一个需求项的属性归类个数进行统计，再根据SI、DI计算公式分别得出它们的系数（表3-38），最终通过better-worse系数来确定最终各需求项归属于哪一类需求属性，并绘制四分位图进行分析（图3-33）。

表3-38 “混合-开放融合式”社区卫生服务中心儿童友好需求项Kano结果统计表

序号	空间	需求项	A	O	M	I	R	属性	Better	Worse
A1	室外	机动车上下客区	6	7	5	24	1	I	30.95%	-28.57%
A2	室外	空间指示标识	19	16	4	4	0	A	81.40%	-46.51%
A3	室外	城市公交站点	12	14	4	12	0	O	61.90%	-42.86%
A4	室内	卫生间儿童专用设施	22	13	2	6	0	A	81.40%	-34.88%
A5	室内	空间导引标识	20	13	3	7	0	A	76.74%	-37.21%

续表

序号	空间	需求项	A	O	M	I	R	属性	Better	Worse
B1	室外	交通组织	8	24	6	5	0	O	74. 42%	-69. 77%
B2		路面/设施材料	16	16	2	9	0	O	74. 42%	-41. 86%
B3	室内	墙面/地面等材料	16	14	3	10	0	A	69. 77%	-39. 53%
C1	室外	风雨连廊	17	18	2	6	0	O	81. 40%	-46. 51%
C2		休息坐靠设施	19	11	4	8	1	A	71. 43%	-35. 71%
C3		景观绿化环境	25	7	2	9	0	A	74. 42%	-20. 93%
C4	室内	景观盆栽	25	9	1	8	0	A	79. 07%	-23. 26%
C5		候诊座椅	21	12	4	5	1	A	78. 57%	-38. 10%
D1	室外	儿童活动空间	25	8	1	7	1	A	80. 49%	-21. 95%
D2		建筑形象与色彩	24	7	3	8	0	A	73. 81%	-23. 81%
D3	室内	空间装饰	25	7	0	11	0	A	74. 42%	-16. 28%
D4		空间色彩	23	3	4	12	0	A	61. 90%	-16. 67%
D5		儿童活动空间	21	14	1	6	1	A	83. 33%	-35. 71%

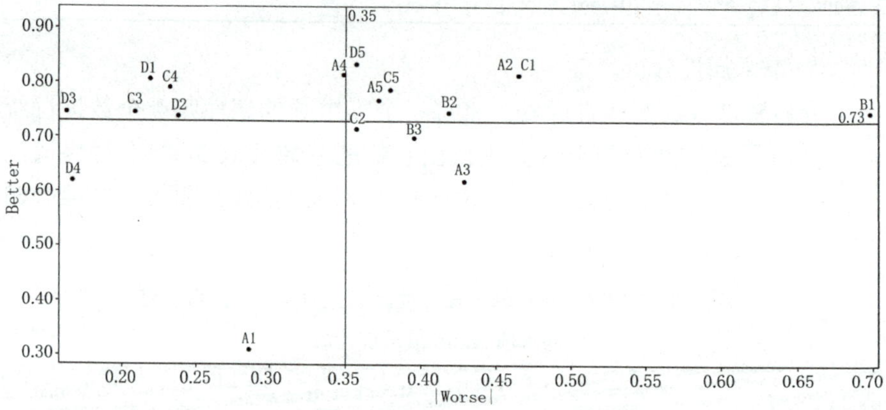

图 3-33 “混合-开放融合式”社区卫生服务中心儿童友好需求项满意系数四分位图

根据绘制的需求项满意系数四分位图，可以看出“混合-开放融合式”社区卫生服务中心有 16 项属于重要要素，其中 3 项为必备型需求、7 项为期望型需求、6 项为魅力型需求。具体结果见表 3-39。

表 3-39 “混合-开放融合式”社区卫生服务中心儿童友好需求项需求属性汇总表

<table>
<tr><th>需求属性</th><th>序号</th><th>需求项</th><th>需求属性</th><th>序号</th><th>需求项</th></tr>
<tr><td rowspan="3">必备型需求（M）</td><td>A3</td><td>城市公交站点</td><td rowspan="6">魅力型需求（A）</td><td>A4</td><td>卫生间儿童专用设施</td></tr>
<tr><td>B3</td><td>墙面/地面等材料</td><td>C3</td><td>景观绿化环境</td></tr>
<tr><td>C2</td><td>休息坐靠设施</td><td>C4</td><td>景观盆栽</td></tr>
<tr><td rowspan="7">期望型需求（O）</td><td>A2</td><td>空间指示标识</td><td>D1</td><td>儿童活动空间</td></tr>
<tr><td>A5</td><td>空间导引标识</td><td rowspan="2">D2</td><td rowspan="2">建筑形象与色彩</td></tr>
<tr><td>B1</td><td>交通组织</td></tr>
<tr><td>B2</td><td>路面/设施材料</td><td rowspan="4">无差异型需求（I）</td><td>D3</td><td>空间装饰</td></tr>
<tr><td>C1</td><td>风雨连廊</td><td rowspan="2">A1</td><td rowspan="2">机动车上下客区</td></tr>
<tr><td>C5</td><td>候诊座椅</td></tr>
<tr><td>D5</td><td>儿童活动空间</td><td>D4</td><td>空间色彩</td></tr>
</table>

③ 需求项优先级分析。

结合需求的属性归类以及按照 ASC 由高到低绘制的折线图（图 3-34）来看，被调研者对城市公交站点（A3）、墙面/地面等材料（B3）、休息坐靠设施（C2）表现出较高的依赖性和较低的期待性，属于必备型需求，应优先考虑完善这三个需求项，提升的优先顺序为 B3>C2>A3。

在期望型需求中，被调研者对交通组织（B1）表现出强依赖性，该需求项保障了儿童的步行安全性，需要优先考虑。被调研者对空间指示标识（A2）、空间导引标识（A5）、道路/设施材料（B2）、风雨连廊（C1）、候诊座椅（C5）、儿童活动空间（D5）表现出强期待性，同时表现出较高的依赖性。这些需求项直接关系到儿童室内外寻路步行的便捷性、候诊体验的舒适性以及趣味性，在设置时建议优先保障。期望型需求项的提升顺序建议为 B1>A2=C1>D5>B2>C5>A5。

被调研者对卫生间儿童专用设施（A4）、景观绿化环境（C3）、景观盆栽（C4）、儿童活动空间（D1）、建筑形象与色彩（D2）、空间装饰（D3）表现出强期待性和低依赖性，表明儿童对于提升视觉感受、卫生间的人性化设计以及活动空间的合理利用抱有较大的兴趣，但对于现状也可以接受，因此在有条件的情况下应尽可能优先完善这几项。建议提升顺序为 A4>C4>D1>D2>C3>D3。

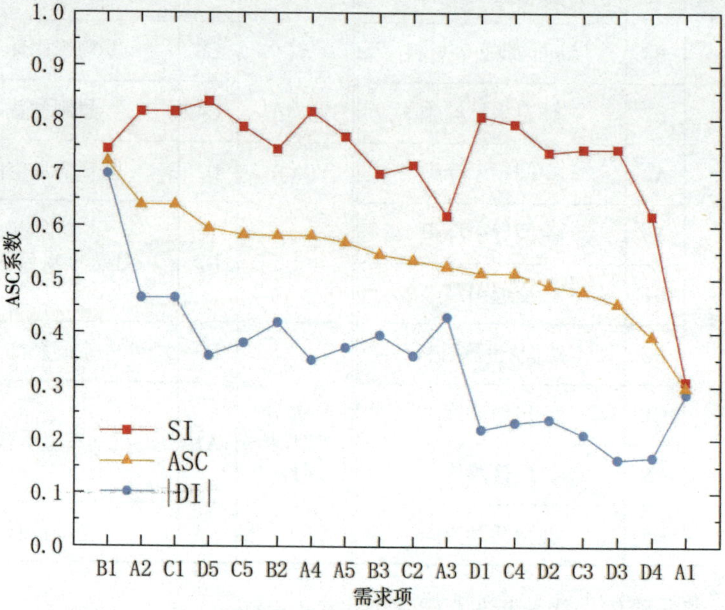

图 3-34 “混合-开放融合式”社区卫生服务中心儿童友好的需求项满意度折线图

“混合-开放融合式”社区卫生服务中心室外空间环境的适儿化更新需求项优先顺序建议为 C2>A3>B1>A2=C1>B2>D1>D2>C3。

室内空间环境的适儿化更新需求项优先顺序建议为 B3>D5>C5>A5>A4>C4>D3。

（4）混合-封闭分离式

针对苏州市“混合-封闭分离式”社区卫生服务中心，对浒墅关镇社区卫生服务中心以及元和街道社区卫生服务中心发放问卷。

① 问卷信效度分析。

将收集到的数据导入 SPSS 中，进行信效度检验，最后结果参考表 3-40。从中我们可以了解到，一共有 18 项需求，它们所对应的正向与反向问题的 Cronbach α 系数分别为 0.838、0.916，数据接近于 1；KMO 测度值分别为 0.539、0.806，Bartlett 球形值都低于 0.01，结果表明问卷的信效度符合要求。

表 3-40　“混合-封闭分离式”社区卫生服务中心问卷信效度分析结果

类别	Cronbach α 系数	KMO 测度值	Bartlett 球形值	项数
Kano 正向问题	0.838	0.539	0.000	18
Kano 反向问题	0.916	0.806	0.000	18

② 需求属性分析。

分析整理有效的调查问卷，将每一个需求项的属性归类个数进行统计，再根据 SI、DI 计算公式分别得出它们的系数（表 3-41），最终通过 better-worse 系数来确定最终各需求项归属于哪一类需求属性，并绘制四分位图进行分析（图 3-35）。

表 3-41　“混合-封闭分离式”社区卫生服务中心儿童友好需求项 Kano 结果统计表

序号	空间	需求项	A	O	M	I	R	属性	Better	Worse
A1	室外	机动车上下客区	17	4	3	18	0	I	50.00%	-16.67%
A2		空间指示标识	13	18	5	5	0	O	75.61%	-56.10%
A3		城市公交站点	13	14	7	6	0	O	67.50%	-52.50%
A4	室内	卫生间儿童专用设施	18	12	4	7	1	A	73.17%	-39.02%
A5		空间导引标识	20	15	1	6	0	A	83.33%	-38.10%
B1	室外	交通组织	4	31	4	3	0	O	83.33%	-83.33%
B2		路面/设施材料	13	18	4	7	0	O	73.81%	-52.38%
B3	室内	墙面/地面等材料	11	21	4	6	0	O	76.19%	-59.52%
C1	室外	风雨连廊	10	16	9	7	0	O	61.90%	-59.52%
C2		休息坐靠设施	17	9	5	11	0	A	61.90%	-33.33%
C3		景观绿化环境	22	12	2	5	1	A	82.93%	-34.15%
C4	室内	景观盆栽	20	6	2	14	0	A	61.90%	-19.05%
C5		候诊座椅	22	10	2	8	0	A	76.19%	-28.57%
D1	室外	儿童活动空间	23	6	0	13	0	A	69.05%	-14.29%
D2		建筑形象与色彩	23	7	0	12	0	A	71.43%	-16.67%
D3	室内	空间装饰	23	9	3	7	0	A	76.19%	-28.57%
D4		空间色彩	23	9	1	8	0	A	78.05%	-24.39%
D5		儿童活动空间	21	11	1	9	0	A	76.19%	-28.57%

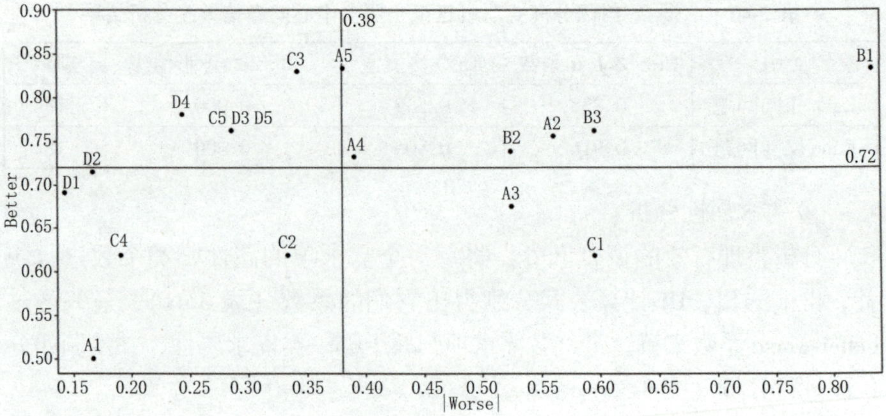

图 3-35　“混合–封闭分离式”社区卫生服务中心儿童友好需求项满意系数四分位图

根据绘制的需求项满意系数四分位图，可以看出“混合–开放融合式”社区卫生服务中心有 13 项属于重要要素，其中 2 项为必备型需求、6 项为期望型需求、5 项为魅力型需求。具体结果见表 3-42。

表 3-42　“混合–封闭分离式”社区卫生服务中心儿童友好需求项需求属性汇总表

需求属性	序号	需求项	需求属性	序号	需求项
必备型需求（M）	A3	城市公交站点	魅力型需求（A）	C3	景观绿化环境
	C1	风雨连廊		C5	候诊座椅
期望型需求（O）	A2	空间指示标识		D3	空间装饰
	A4	卫生间儿童专用设施		D4	空间色彩
				D5	儿童活动空间
	A5	空间导引标识	无差异型需求（I）	A1	机动车上下客区
	B1	交通组织		C2	休息坐靠设施
	B2	路面/设施材料		C4	景观盆栽
	B3	墙面/地面等材料		D1	儿童活动空间
				D2	建筑形象与色彩

③ 需求项优先级分析。

结合需求的属性归类以及按照 ASC 由高到低绘制的折线图（图 3-36）来看，被调研者对城市公交站点（A3）、风雨连廊（C1）表现出较高的依赖性和较低的期待性，属于必备型需求，应优先考虑完善。

在期望型需求中，被调研者对交通组织（B1）表现出较强的依赖性和较高的期待，说明室外道路需要具备社区卫生服务中心兜底的基础作用。同时，儿童对其还有更高的期待，也反映了该需求项是需要重视升级的。被调研者对空间指示标识（A2）、路面/设施材料（B2）、墙面/地面等材料（B3）表现出较强的期待性和依赖性，这几个需求项关系到通行活动的安全以及可达性，需要优先进行升级。被调研者对卫生间儿童专用设施（A4）、空间导引标识（A5）表现出强期待性，但是期望型需求依赖性相对较低，因此，仅建议优先升级。根据上述分析其提升的优先顺序为 B1>B3>A2>B2>A5>A4。

被调研者对景观绿化环境（C3）、候诊座椅（C5）、空间装饰（D3）、空间色彩（D4）、儿童活动空间（D5）表现出强期待性和低依赖性，表明在空间趣味性以及舒适性方面，儿童均保有较强兴趣，因此在有条件的情况下可以对这些需求项进行改进。建议提升顺序为 C3>C5=D3=D5>D4。

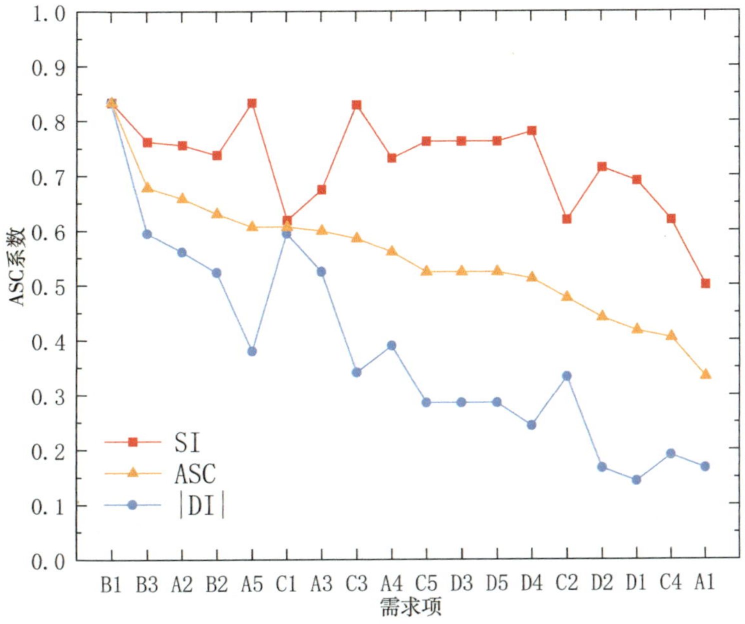

图 3-36　“混合-封闭分离式”社区卫生服务中心儿童友好需求项满意度折线图

“混合-封闭分离式”社区卫生服务中心室外空间环境的适儿化更新需求项优先顺序建议为 C1>A3>B1>A2>B2>C3。

室内空间环境的适儿化更新需求项优先顺序建议为 B3>A5>A4>C5 = D3 = D5>D4。

3. 不同类型社区卫生服务中心空间环境适儿化需求的共性分析

通用性分析选择对四种类型社区卫生服务中心的总体需求分析得出的均值为主要研究对象，适当结合四种不同类型各自的需求结果，进行综合分析，得出最终的空间环境适儿化共性需求。

（1）问卷信效度分析。

将收集到的四种类型的八个社区卫生服务中心调查问卷数据导入 SPSS 中，进行信效度检验，最后结果参考表 3-43。从中我们可以了解到，一共有 18 项需求，它们所对应的正向与反向问题的 Cronbach α 系数分别为 0. 872、0. 896，数据接近于 1，表明问卷所得到的反馈信息十分有效。同时，18 项需求所对应的正反与反向问题的 KMO 测度值分别为 0. 801、0. 874，Bartlett 球形值都低于 0. 01，表明该调研方法的结构较为完善。

表 3-43　社区卫生服务中心问卷总体信效度分析结果

类别	Cronbach α 系数	KMO 测度值	Bartlett 球形值（sig）	项数
Kano 正向问题	0. 872	0. 801	0. 000	18
Kano 反向问题	0. 896	0. 874	0. 000	18

（2）需求重要等级分类。

整理有效的调研问卷并按照 Kano 评价表对每一项需求属性进行属性归类（表 3-44），再根据 better-worse 系数来确定最终各需求项归属于哪一类需求属性，并绘制四分位图进行分析（图 3-37）。

表 3-44　全类型社区卫生服务中心儿童友好需求项 Kano 结果统计表

序号	空间	需求项	A	O	M	I	R	Better	Worse
A1	室外	机动车上下客区	21	17	6	55	1	38. 38%	-23. 23%
A2	室外	空间指示标识	28	49	12	10	0	77. 78%	-61. 62%
A3	室外	城市公交站点	28	34	12	24	2	63. 27%	-46. 94%
A4	室内	卫生间儿童专用设施	43	37	6	14	0	80. 00%	-43. 00%
A5	室内	空间导引标识	50	27	9	14	0	77. 00%	-36. 00%

续表

序号	空间	需求项	A	O	M	I	R	Better	Worse
B1	室外	交通组织	11	63	15	11	0	74.00%	-78.00%
B2		路面/设施材料	37	41	6	16	0	78.00%	-47.00%
B3	室内	墙面/地面等材料	37	43	6	14	0	80.00%	-49.00%
C1	室外	风雨连廊	44	41	6	9	0	85.00%	-47.00%
C2		休息坐靠设施	36	31	10	21	1	68.37%	-41.84%
C3		景观绿化环境	52	23	2	23	0	75.00%	-25.00%
C4	室内	景观盆栽	52	20	1	27	0	72.00%	-21.00%
C5		候诊座椅	53	25	8	13	1	78.79%	-33.33%
D1	室外	儿童活动空间	61	13	2	24	0	74.00%	-15.00%
D2		建筑形象与色彩	59	14	3	23	1	73.74%	-17.17%
D3	室内	空间装饰	66	15	1	18	0	81.00%	-16.00%
D4		空间色彩	59	17	4	20	0	76.00%	-21.00%
D5		儿童活动空间	54	33	4	9	0	87.00%	-37.00%

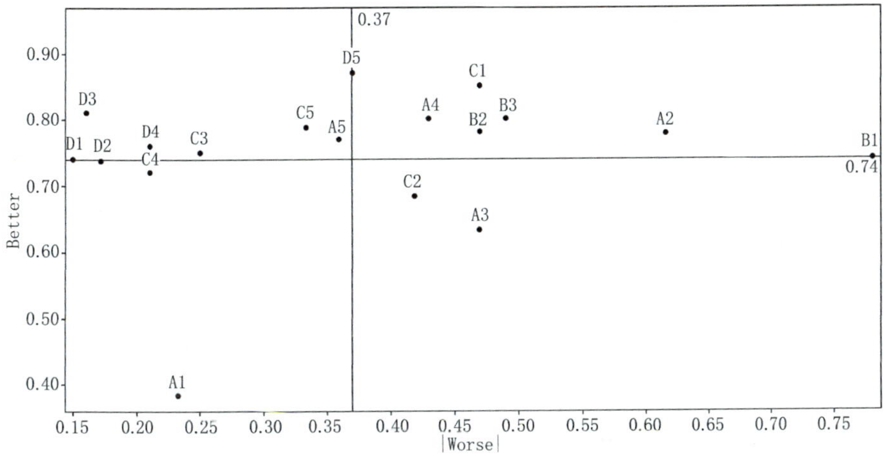

图 3-37 全类型社区卫生服务中心儿童友好需求项满意系数四分位图

根据绘制的需求项满意系数四分位图，可以得出社区卫生服务中心总体有 16 项属于重要要素，其中 2 项为必备型需求、6 项为期望型需求、8 项为魅力型需求。具体结果见表 3-45。

表 3-45 全类型社区卫生服务中心儿童友好需求项需求属性汇总表

需求属性	序号	需求项
必备型需求（M）	A3	城市公交站点
	C2	休息坐靠设施
期望型需求（O）	A2	空间指示标识
	A4	卫生间儿童专用设施
	B1	交通组织
	B2	路面/设施材料
	B3	墙面/地面等材料
	C1	风雨连廊

需求属性	序号	需求项
魅力型需求（A）	A5	空间导引标识
	C3	景观绿化环境
	C5	候诊座椅
	D1	儿童活动空间
	D2	建筑形象与色彩
	D3	空间装饰
	D4	空间色彩
	D5	儿童活动空间
无差异型需求（I）	A1	机动车上下客区
	C4	景观盆栽

结合分析结果，可以发现四种类型及作为整体分析的社区卫生服务中心的各项儿童友好需求项中，城市公交站点（A3）的需求属性均归类于必备型需求（M），符合城市公交站点作为城市基础公共设施的特性，能给儿童的出行带来较大的便捷性，因此必须优先考虑设置；路面/设施材料（B2）其需求属性均归类于期望型需求（O），表明保障室外步行的安全性是一项较为基本的要求，同时儿童又对其有更高的期望值，因此需要优先考虑；空间装饰（D3）的需求属性归类均属于魅力型需求（A），表明儿童对于有别于常规的童趣贴画等有趣的空间装饰有较高兴趣，进行趣味化装饰将大大提高儿童对于就诊空间的满意度，从而优化就诊体验，因此在有条件的情况下建议优化设计；机动车上下客区（A1）的需求属性均归类于无差异型需求（I），表明儿童对于设置此项功能并没有太大的关注度，初步推断通常去社区卫生服务中心的路程较短，所以儿童前往社区卫生服务中心就医的交通方式主要以家长骑行、乘坐私家车以及步行为主，少有乘坐出租车出行的，此项诉求较低，因此此项需求可以剔除不进行考虑。

（3）需求优先级顺序分析。

结合需求的属性归类以及按照 ASC 由高到低绘制的折线图（图 3-38）来看，城市公交站点（A3）、休息坐靠设施（C2）均具有强依赖性和很低的期待性，属于必备型需求，保障了儿童出行的便捷性，为儿童提供了舒适的室外空间，应该优先考虑，同时这两项的平均满意度相同，但城市公交站点（A3）的依赖性大于休息坐靠设施（C2），所以这两项的优先级顺序为 A3>C2。

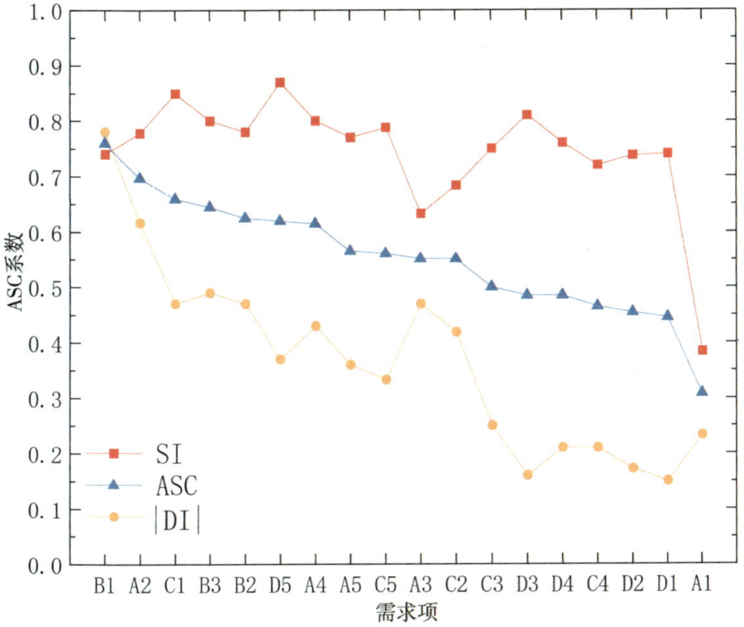

图 3-38　全类型社区卫生服务中心儿童友好需求项满意度折线图

空间指示标识（A2）、卫生间儿童专用设施（A4）、交通组织（B1）、路面/设施材料（B2）、墙面/地面等材料（B3）、风雨连廊（C1）属于期望型需求，具有强依赖性和强期待性，建议优先考虑。所以期望型需求项的优先级顺序为 B1>A2>C1>B3>B2>A4。

在魅力型需求中，儿童活动空间（D5）具有最强的期待性和较低的依赖性，表明在满足基本的医疗服务后，儿童对在医院中进行一些有趣的活动十分感兴趣。此外，景观绿化环境（C3）、候诊座椅（C5）、儿童活动空间（D1）、建筑形象与色彩（D2）、空间装饰（D3）、空间色彩（D4）也具有较强的期待性和较低的依赖性，这些需求项多涉及空间环境的舒适性以及趣味性，在优化社区卫生服务中心空间环境方面具有锦上添花的作用。社区卫生服务中心在有条件的情况下应尽量满足。根据折线图，魅力型需求项的优先级顺序为 D5>A5>C5>C3>D4>D3>D2>D1。

全类型室外空间环境的适儿化更新需求项优先级顺序为 A3>C2>B1>A2>C1>B2>C3>D2>D1。

室内空间环境的适儿化更新需求项优先级顺序为 B3>A4>D5>A5>C5>D4>D3。

总体来说，儿童对于各项要素的期待性高于依赖性，结合折线图可以发现，整体的 SI 值均高于 |DI| 值，原因可能是目前儿童友好社区卫生服务中心处于初步发展阶段，儿童初期接触到适儿化空间存在较强的好奇心理。

通过对图 3-39 的深入剖析发现，社区卫生服务中心不同的适儿化建设指标需求呈现出清晰的层级结构与优先级差异。① 在“便捷性诉求”与“安全性诉求”指标范畴内，绝大多数需求项被明确归类为必备型需求与期望型需求，且从优先级排序来看，超半数需求项处于前 50%的关键位置。儿童就诊流线的便捷性、设施的适儿化以及空间环境的安全性等适儿化建设内容，是社区卫生服务中心进行儿童友好医院建设的基础要求，也是家长与儿童的迫切性诉求。具体而言，对空间指示标识（A2）、城市公交站点（A3）、交通组织（B1）、墙面/地面等材料（B3）等建设内容，需要优先进行适儿化改造，以此筑牢适儿化就医环境的基础。② 在“舒适性诉求”维度中，风雨连廊（C1）与休息坐靠设施（C2）这两项需求的优先级较高。这两类设施影响儿童就医过程中室外空间环境体验，建议有条件的社区卫生服务中心将其纳入更新建设计划。③ 景观绿化环境（C3）、景观盆栽（C4）、候诊座椅（C5）等“舒适性诉求”要素，以及空间装饰（D3）、空间色彩（D4）等大部分“趣味性诉求”，虽对提升空间品质、缓解儿童就医紧张情绪意义重大，但因多属魅力型需求，优先级相对靠后。这些要素主要从视觉感官的角度提升空间环境品质，从而优化儿童的就医感受。因此，社区卫生服务中心在推进必备型需求与期望型需求相关指标的建设优化时，可以将色彩心理学与自然疗愈理念深度融入更新设计中，构建出将安全性、便捷性等基础需求与美学体验相结合的建设策略，既能满足儿童与家长对适儿化就医环境建设的核心诉求，又能通过视觉与心理层面的双重引导，以高品质的环境建设有效缓解儿童就医焦虑，最终构建起充满人文关怀的整体性适儿化就医环境。

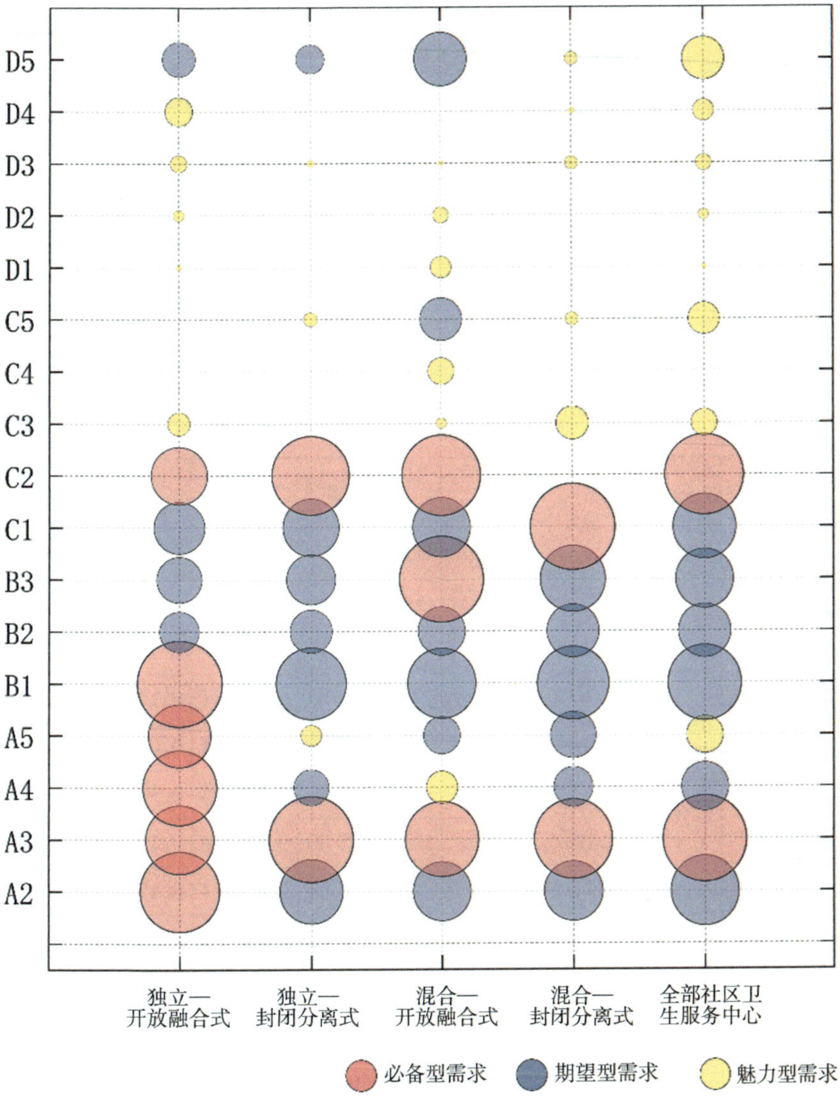

图 3-39　各类型需求项综合对比分析图

注：每列圆形的大小代表需求项在对应类型的社区卫生服务中心的优先级顺序，由大到小表示优先级由先到后；此图已剔除共同的无差异型需求项机动车上下客区（A1）。

（4）通用性需求项权重分析。

根据初步构建的适儿化需求项体系的类型适配分析，最终遴选出 16 项通用性需求项，利用综合权重的计算方法，得出通用性需求项体系内不同需求项的重要程度（表3-46），并绘图进行分析（图3-40、图3-41）。

综合权重计算结果显示，“安全性”需求项在社区卫生服务中心适儿化更新中占据首要地位。这一结论与儿童群体的生理心理特征高度契合：儿童因肢体协调性尚未发育完全、风险预判能力不足，在就医过程中容易面临较多的安全隐患。“便捷性”、“舒适性”和“趣味性”需求项的重要性依次递减，该结果与前述分析结论相互印证。针对具体需求项，室外交通组的合理组织、室内墙面/地面材料的防滑安全处理，以及室外空间指示标识的清晰设置位列重要程度前三，充分体现了对儿童就医便捷性以及室内活动安全性的关切。

表3-46 综合权重计算汇总表

需求项类型	序号	空间	指标内容	ASC系数	w（权重值）	k（调节系数）	v（综合权重值）
便捷性	A2	室外	空间指示标识	0.697 00	0.041 88	0.236 01	0.099 61
	A3		城市公交站点	0.551 10	0.031 09	0.184 48	0.057 80
	A4	室内	卫生间儿童专用设施	0.615 00	0.046 31	0.143 05	0.066 77
	A5		空间导引标识	0.565 00	0.074 83	0.050 95	0.038 43
安全性	B1	室外	交通组织	0.760 00	0.064 55	0.333 62	0.217 04
	B2		路面/设施材料	0.625 00	0.064 10	0.152 59	0.098 57
	B3	室内	墙面/地面等材料	0.645 00	0.059 14	0.173 08	0.103 16
舒适性	C1	室外	风雨连廊	0.660 00	0.027 77	0.189 75	0.053 10
	C2		休息坐靠设施	0.551 10	0.037 42	0.184 48	0.069 57
	C3		景观绿化环境	0.500 00	0.132 99	0.031 25	0.041 88
	C5	室内	候诊座椅	0.560 60	0.037 31	0.049 38	0.018 57
趣味性	D1	室外	儿童活动空间	0.445 00	0.064 78	0.019 61	0.012 80
	D2		建筑形象与色彩	0.454 60	0.021 11	0.021 35	0.004 54
	D3	室内	空间装饰	0.485 00	0.095 62	0.027 67	0.026 66
	D4		空间色彩	0.485 00	0.125 03	0.027 67	0.034 86
	D5		儿童活动空间	0.620 00	0.076 06	0.073 88	0.056 63

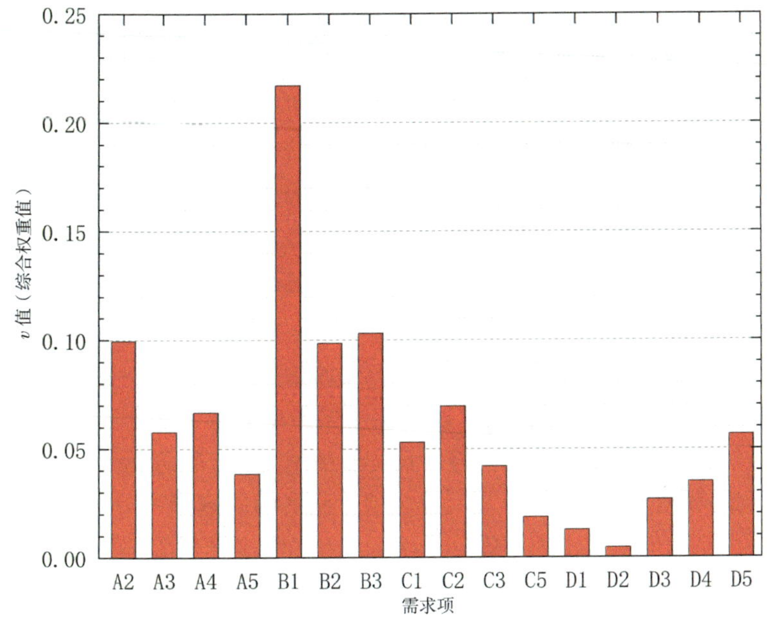

图 3-40　需求项影响程度柱状图

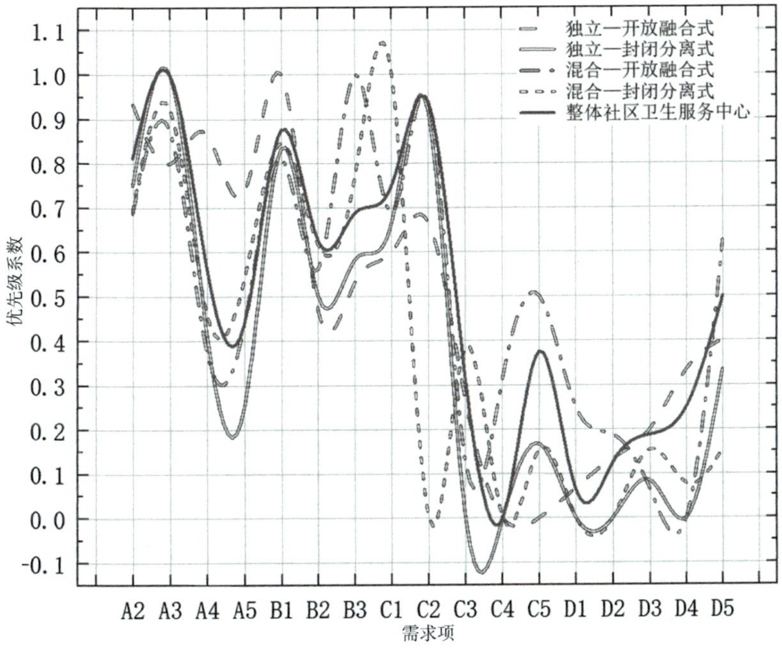

图 3-41　各类型需求项详细优先级顺序对比折线图

4. 不同社区卫生服务中心空间环境适儿化需求的差异性分析

对不同类型社区卫生服务中心间儿童对于适儿化更新的需求进行横向对比，包括需求属性分析、需求项优先级分析，从而判别不同类型的社区卫生服务中心空间环境适儿化需求的差异性特征。

各类社区卫生服务中心对适儿化空间环境总体建设上具有较强的一致性，但是在一些具体需求项上存在较大的差异性，需对相应类型作针对性对比分析，以更加全面地对不同社区卫生服务中心提出差异化建设意见。

“独立–开放融合式”社区卫生服务中心：相较于其他类型社区卫生服务中心更加重视空间指示标识（A2）、交通组织（B1）。根据实地调研情况，发现“独立–开放融合式”社区卫生服务中心通常位于一些老旧小区出入口附近，室外空间较为拘谨，且交通情况复杂，医院标识不够明显清晰，因此，“独立–开放融合式”社区卫生服务中心需侧重考虑室外通行的安全和寻路的便利。室内空间环境中的卫生间儿童专用设施（A4）、空间导引标识（A5）的优先级相较于其他类型较高，室内的便利性在此类型的社区卫生服务中心需重点关注。

“独立–封闭分离式”的社区卫生服务中心：大部分需求项的需求属性及优先级顺序，与其他类型社区卫生服务中心差异性较小。其他类型社区卫生服务中心均将景观绿化环境（C3）归属于魅力型需求，而“独立–封闭分离式”将其归于无差异型需求，初步推断可能是因为大部分此类型社区卫生服务中心室外空间具有较为完善的室外景观绿化设计。空间导引标识（A5）建设诉求较低，其优先级顺序均低于其他类型。

“混合–开放融合式”的社区卫生服务中心：重视优化墙面/地面等材料（B3）的使用。根据实地调研情况初步推断，由于大部分“混合–开放融合式”社区卫生服务中心室内空间相对较大，儿童的行动范围也随之变大，相对更容易产生磕碰等情况，因此其空间内的地面、墙面以及各类设施更重视考虑使用防撞/防滑/软质材料，以保障儿童的安全。候诊座椅（C5），虽然其整体的优先级不高，但是相较于其他类型社区卫生服务中心诉求较高，需要尽量考虑优化。

“混合–封闭分离式”的社区卫生服务中心：重视风雨连廊（C1）的建设，该需求归属于必备型需求，且优先级最高，而其他类型的社区卫生服务中心都将其归属于期望型需求，且优先级相对不高。根据实地调研情况初步推断，这种类型的社区卫生服务中心由于其场地与其他功能建筑混用，但是又有单独的建筑出口，容易造成场地入口距离对应的建筑出入口较远，所以需要风雨连廊来抵御恶劣天气带来的不适，其在保障儿童出行的舒适度方面具有较大的影响。因此“混合-封闭分离式”的社区卫生服务中心应重点建设风雨连廊。休息坐靠设施（C2）适儿化诉求较低，将其归类于无差异属性，而其他三种类型社区卫生服务中心均将其归为必备型需求。

可以发现，不同类型社区卫生服务中心在具体需求项上存在差异性，且主要集中于室外空间环境。其核心原因在于，不同类型社区卫生服务中心的室外空间资源可用性差异显著，空间规模、开放程度及交通组织方式直接导致适儿化建设策略的差异化。

综上所述，社区卫生服务中心的适儿化更新需结合不同类型空间环境的共性与差异性需求，构建“基础通用性标准+特色精准适配”的建设思路。在共性诉求上，以儿童安全与便利为核心，制定普适性更新优化策略，强化空间环境适儿化建设的基础保障；在差异性诉求上，依据空间资源条件与需求优先级实施类型化更新，强调空间体验舒适性与童趣化的特色空间营造。

3.3.4 不同医疗机构儿童就医环境适儿化建设比较分析

1. 适儿化建设措施重要性比较分析

（1）适儿化建设区域诉求比较。

各类型的医疗服务机构对于内部需要进行儿童友好设计的区域存在共通性诉求。如图 3-42 所示，儿童候诊区儿童友好设计诉求占比最高，均超过了 60%。由于在等候时间较长的情况下，儿童会产生消极的心理特征与行为，需要通过适儿化设计增加空间趣味性，转移儿童注意力，缓解不良情绪。对于输液室与卫生间这两个区域的设计需求也较高，均处于 30%—50%之间。对检查室进行儿童友好设计需求均不高，都处在 30%左右。

不同类型的医疗机构内需要进行儿童友好环境设计的区域需求也存在明显差异。对于门厅及公共走廊的适儿化建设诉求，相较于综合医院和儿童专科医院，社区卫生服务中心的需求占比不到 10%，而其他两种类型处于 40%—60%之间。儿童专科医院和综合医院每日接待的人流量较大，医院内部往往较为拥挤，门厅和公共走廊不只是简单承担患者交通通行的需求，很多时候还需要承担儿童与家长的等候、活动等需求，需要通过儿童友好设计来优化儿童在这些区域内的就医体验。而社区卫生服务中心相对来说人流量较少，儿童和家长等候排队的情况较少，停留量不大，所以门厅和公共走廊仅需满足基本的交通活动需求，儿童友好设计诉求相对较低。诊室、挂号与收费区的适儿化设计，在综合医院的需求占比较大，超过 50%，另外两类医疗机构均处于 40%左右。

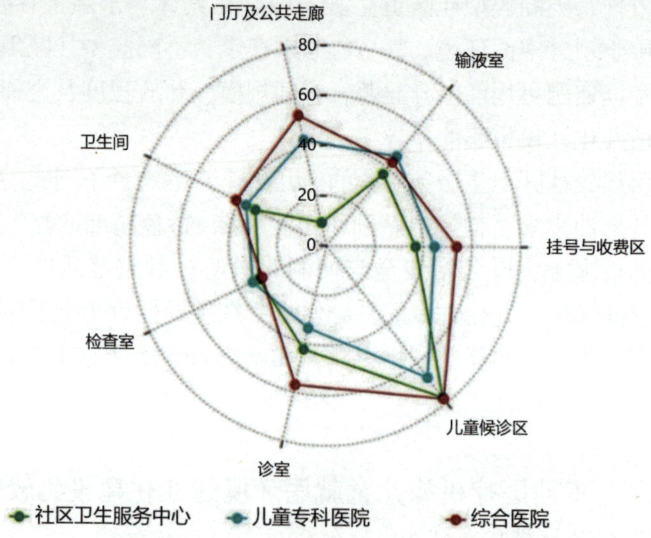

图 3-42　儿童友好涉及区域分析雷达图

总体而言，儿童专科医院、综合医院、社区卫生服务中心等三类医疗机构对儿童候诊区的儿童友好设计需求占比最高。此外，综合医院需重点关注门厅及公共走廊、诊室、挂号与收费区的适儿化设计；社区卫生服务中心需重点关注诊疗区域空间环境的适儿化设计。

（2）适儿化设计措施诉求比较。

结合与儿童家长、医护人员的访谈，梳理了不同医疗机构室内外空间环境儿童友好设计的相关措施 24 项，结合问卷调查获得了不同类型医疗机构中儿童就医环境的适儿化建设诉求。结合 SPSS 二阶聚类分析中的自动聚类分析（表 3-47）可以发现：24 项儿童友好设计措施被分为 2 类，其中 14 项为重要型诉求（室外设计措施 4 项）（表 3-48），10 项为普通型诉求（室外设计措施 5 项）。

表 3-47　室内外空间环境儿童友好设计措施的聚类分析

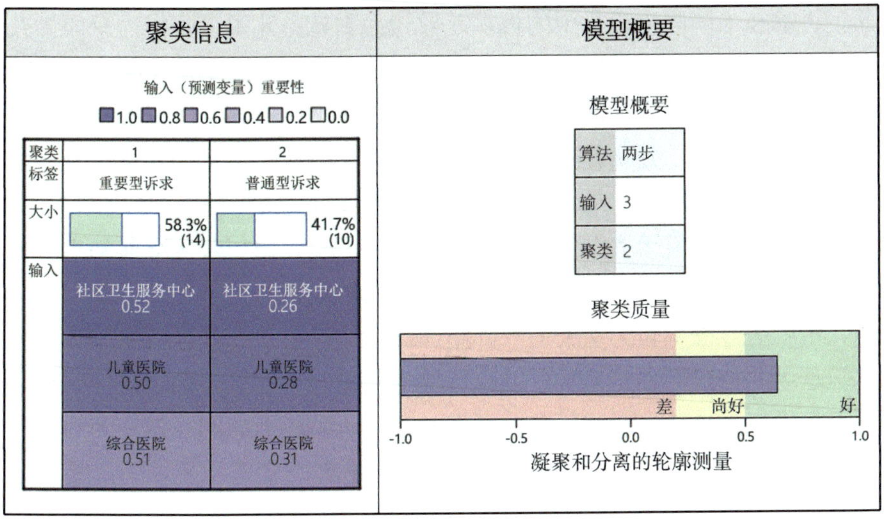

表 3-48　室内外空间环境儿童友好设计的重要型诉求措施（聚类 1）

室外空间环境	室内空间环境	
清晰的空间标识引导/流线清晰	卫生间有儿童专用设施	地面采用防滑/软质材料
连接主要入口的风雨连廊	有专门的儿童活动区域	较好的采光通风
机动车临时上下客区	墙面采用防撞/软质材料	儿童可辨认的空间指示标识
适合儿童心理的建筑形象与色彩设计	家具采用防撞/软质材料	较丰富的色彩
—	动物或卡通图案装饰	较好的景观绿化

① 医疗机构室外空间环境中儿童友好设计措施诉求。

9 项室外空间环境儿童友好设计措施，其中包括 4 个重要型诉求和 5 个普通型诉求。清晰的空间标识引导/流线清晰、连接医院入口的风雨连廊、机动车临时上下客区和适合儿童心理的建筑形象与色彩设计，是儿童医院、综合医院、社区卫生服务中心等医疗机构室外空间环境进行适儿化建设最为重要的 4 项设计措施。这 4 项设计措施反映了儿童对不同医疗机构能够提供方便、快捷、舒适与童趣的室外空间环境的共性需求。可以发现，不同类型的医疗机构因在为儿童提供医疗服务的内容和规模上存在差异，对室外空间环境的友好设计措施诉求也有所不同（图 3-43），5 个普通型诉求在不同医疗机构中的诉求差异较为明显：儿童医院作为专门为儿童提供医疗、康复与保健等服务的专科医院，儿童是其室外空间环境的重要使用主体，在室外空间环境中提供临时休息坐靠空间、较好的景观绿化环境、在医院入口处实行人车分流、设置不受机动车干扰的儿童室外活动空间等措施较为重要；综合医院中儿科以接诊儿童常见病、多发病为主，儿童在综合医院就诊人群中占比相对较低，医院入口与公共交通站点联系便捷、医院入口处实行人车分流、不受机动车干扰的儿童室外活动空间等是儿童就医过程中较为重要的外部空间环境建设诉求；社区卫生服务中心承担着为儿童提供预防接种、健康体检与常见病诊疗等功能，是社区建设的重要内容，与社区空间联系较紧密，不受机动车干扰的儿童室外活动空间、较好的景观绿化环境、医院入口处实行人车分流等措施较为重要。

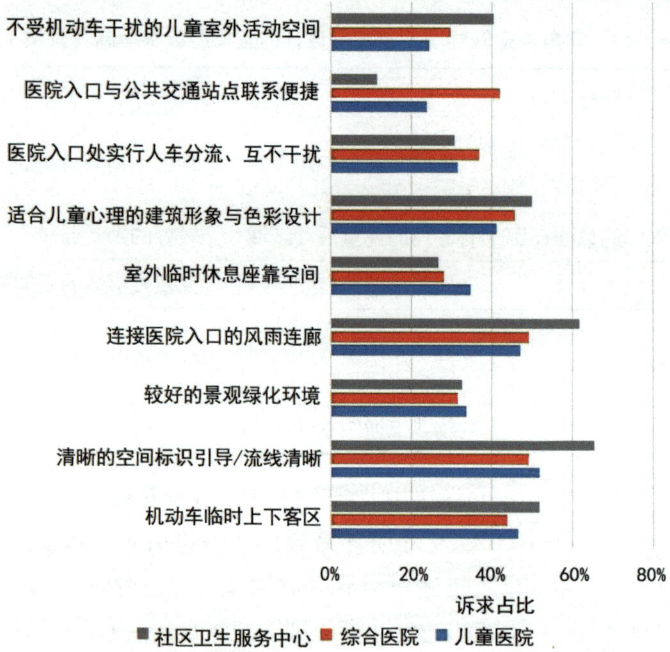

图 3-43　医疗机构室外空间环境中儿童友好设计措施需求

② 医疗机构室内空间环境中儿童友好设计措施需求。

15 项室内空间环境儿童友好设计措施分为 10 个重要型需求和 5 个普通型需求。结合重要性排序与医疗服务机构类型可以发现（图 3-44）：地面采用防滑及软质材料、卫生间有儿童专用设施等是最为重要的 2 项设计措施，在三种类型医疗机构的室内空间环境适儿化建设需求占比均超过 60%，是符合儿童身体特征的设施舒适性与空间安全性建设的基本需求。有专门的儿童活动区域、较好的采光通风、墙面采用防撞及软质材料、儿童可辨认的空间指示标识、家具采用防撞及软质材料、较为丰富的色彩等 8 项设计措施在不同设施环境中的排序稍有差别，但诉求强度均处于 40%—60%之间。社区卫生服务中心对重要型需求中动物或卡通图案装饰、比较多的自然景观绿化等方面的需求相对较低。设置彩色/卡通儿童创意座椅、饮水设施（冷热水）、设置母乳喂养室、婴儿车集中停放处、吸音降噪设施等属于普通型需求。其中母乳喂养室、婴儿车集中停放处的服务群体为婴幼儿，虽然在需求重要性的排序上较低，但并不意味着其不重要，特别是母乳喂养室在很多城市已成为公共场所中应配备的基本设施；设置彩色/卡通儿童创意座椅可以结合空间环境的氛围营造进行针对性考虑；吸音降噪设施建议在候诊区进行设置，以营造较为安静的就医环境。

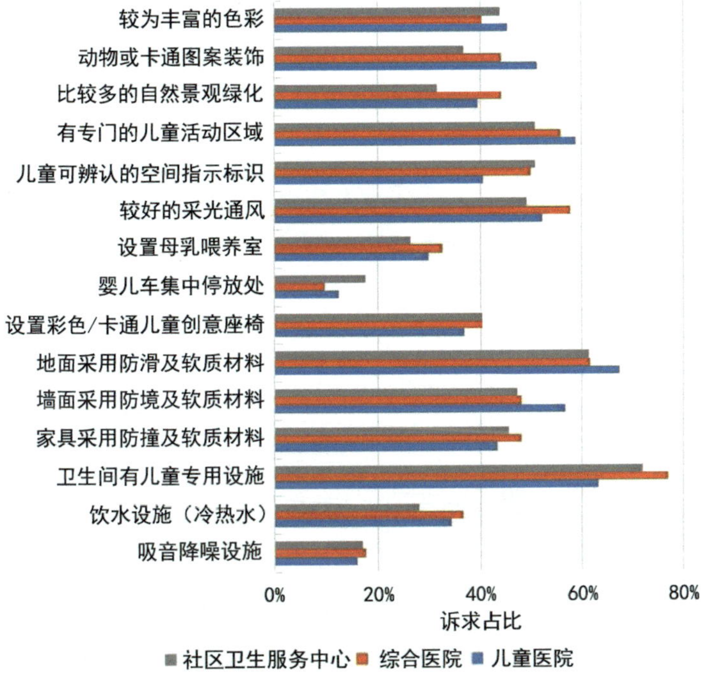

图 3-44 医疗机构室内空间环境中儿童友好设计措施需求

另外，在儿童活动区的设施设置中，儿童及家长更倾向于医疗机构通过提供儿童读物/作品展示、趣味儿童个人玩具、儿童集体性娱乐设施、亲子互动活动设施等多样化活动内容，来降低长时间候诊中可能出现的寂寞感和烦躁感。针对儿童专科医院、综合医院的儿科病区空间的适儿化设计，单独的儿童卫生间及热水系统、安全保护措施、专门的儿童活动区域、儿童专用病床、儿童主题的装饰等较为重要。

2. 基于就医过程的适儿化建设诉求比较分析

（1）交通行为。

在交通空间环境儿童友好设计措施（图3-45）中，有5项措施在三类医疗卫生机构中都较为重要：地面采用防滑及软质材料诉求占比最高，均超过60%；连接医院入口的风雨连廊、即走即停的机动车临时上下客区、适合儿童心理的建筑形象与色彩以及儿童可辨认的空间指示标识，占比均超过了40%。这表明，应将设施安全性、接驳舒适性、交通便捷性、空间趣味性等作为不同类型医疗机构的室内外交通空间环境儿童友好设计的共性要求，这对于提升儿童就诊过程中的交通体验具有积极作用。

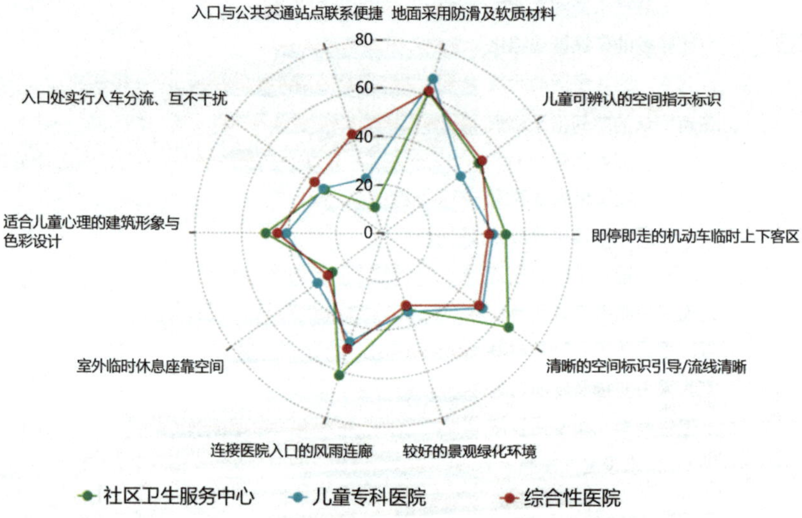

图3-45　交通空间环境儿童友好设计措施

由于不同类型医疗机构用地条件和提供功能服务的差异，社区卫生服务中心对于与公共交通站点联系的便捷性、在室外设置儿童临时休息坐靠空间以及具有较好的景观绿化环境等方面的诉求相对较低；综合医院交通空间环境中对于儿童友好设计措施的要求相对较高，特别是在入口与公共交通站点的便捷联系、入口处实施人车分流以及儿童可辨认的空间指示标识等方便的诉求要高于儿童专科医院和社区卫生服务中心；儿童专科医院的空间环境的服务对象具有明确的针对性，但针对现有空间环境，在交通设施安全性、清晰的空间标识引导/流线清晰、连接医院入口的风雨连廊、即停即走的机动车临时上下客区等方面的仍有较高诉求，且对于室外临时休息坐靠空间设置诉求也相对较高。

（2）候诊行为。

候诊行为是整个就医流程中等候时间最长的部分。儿童患者以及家长在等候医生问诊时，会产生一些依赖、无聊的感觉，或者是对将要到来的就诊产生抗拒心理等，此时儿童的内心较为敏感。因而，提供保障儿童安全、符合儿童人体工学以及丰富候诊体验的空间环境，是三种类型医疗机构的共性诉求，对于提升儿童候诊体验具有积极意义。

总体而言，儿童专科医院、综合医院、社区卫生服务中心等三种类型医疗机构中与候诊行为相关的空间环境适儿化建设诉求存在较强的相似性。在 14 项儿童友好设计措施（图 3-46）中，对于卫生间有儿童专用设施的诉求占比最高，在三种类型医疗机构中均超过 60%；另外墙面和家具

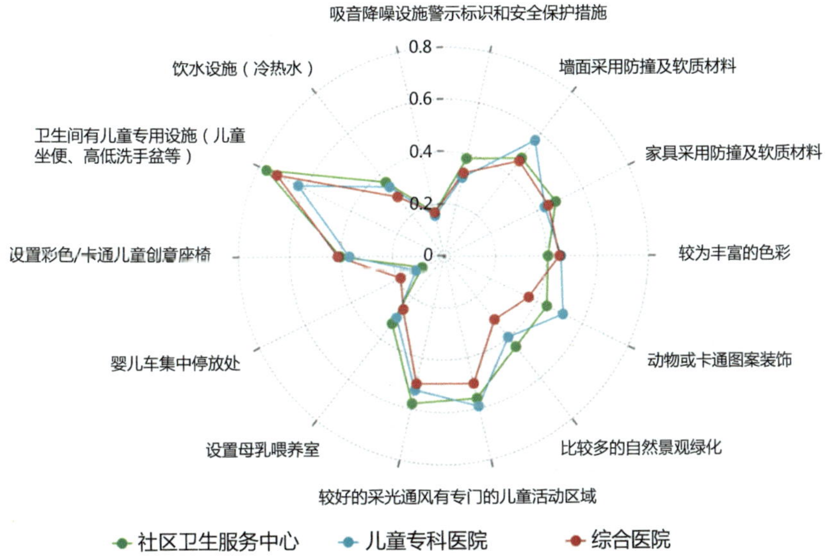

图 3-46　候诊行为中适儿化建设诉求

采用防撞及软质材料、较好的采光通风、有专门的儿童活动区域以及较为丰富的色彩，诉求占比均超过 40%。这 6 项诉求是三种类型医疗机构共同的重要型诉求。这表明，在医院候诊行为中，儿童和家长都较为关注卫生间的便利性、设施的安全性、空间的趣味性以及功能多样性等。

（3）就诊行为。

一般情况下，就诊行为都发生在医疗机构室内环境中，包括前期的医生问诊、医疗设备检查以及住院期间所进行的医疗服务。在门诊就诊与在医疗设备检查室中接受检查的适儿化空间环境建设诉求，与候诊时的空间环境建设诉求相似。而对于住院接受治疗的就诊行为而言，儿童需要在病房空间环境中进行长时间的停留，其空间环境适儿化建设诉求与普通就诊存在较大的差异。

有研究表明，在住院期间，儿童由于离开了熟悉的环境以及各种医疗操作带来的疼痛刺激等，会产生恐惧、焦虑、抑郁等多种不良心理特征。因此，营造安全、便利、温馨的病房区域空间环境，对提升儿童住院期间就诊体验具有积极作用。通过对儿童专科医院与综合医院的病房空间调研，研究者发现（图 3-47），儿童及家长对儿童安全保护措施和儿童专用洗手间及热水系统的诉求最强，占比均超过了 50%，这反映了儿童及家长

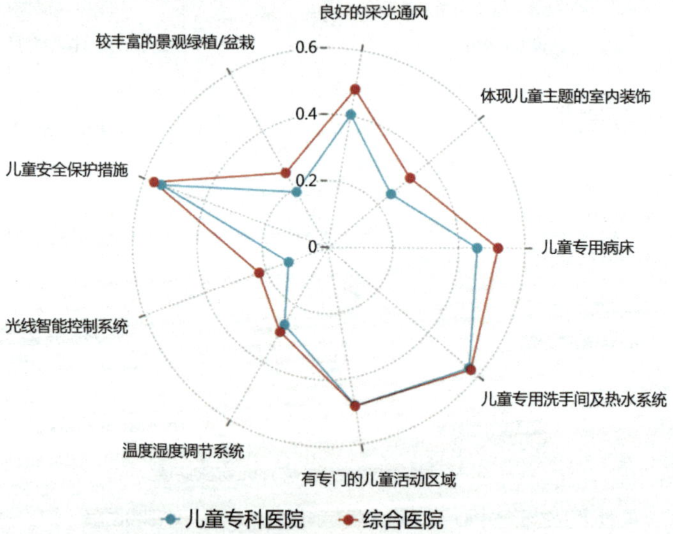

图 3-47　病房空间就诊行为中适儿化诉求

对于住院期间的安全性和生活便利性的关注；良好的采光通风、有专门的儿童活动区域和儿童专用病床的诉求占比均超过了40%，这表明儿童及家长对于体现儿童主题的室内装饰也有着较高的诉求。

（4）活动行为。

儿童在就医过程中的多样性活动行为，可以改善儿童就医过程中的负面情绪，对提升就医体验具有积极作用。在现有医院空间环境中，如何为儿童提供丰富的活动空间还未获得足够重视。在候诊行为与就诊行为的适儿化空间环境建设诉求调查中，儿童专科医院、综合医院、社区卫生服务中心等三类医疗机构对进行儿童专用的活动空间建设诉求较为强烈。

在针对儿童活动行为的8项儿童友好设计措施中（图3-48），提供儿童读物/作品展示等为所有诉求中需求最高的一项，在儿童专科医院、综合医院、社区卫生服务中心等三种类型医疗机构中都超过了60%。三种类型的医疗机构对于亲子互动活动、儿童集体性娱乐设施以及趣味儿童个人玩具等儿童友好设计措施诉求占比均超过了40%，反映了儿童和家长对于活动交互性、益智性与趣味性的需求。如社区卫生服务中心，承担着儿童预防接种的职能，通过在留观室中提供儿童读物/作品展示等、开展亲子互动活动将会给儿童30分钟的留院观察增添趣味性。

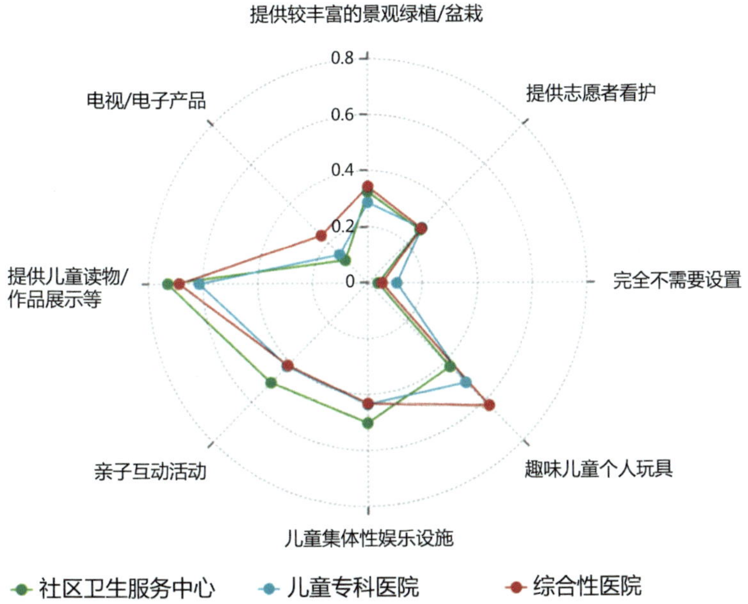

图3-48　活动行为中适儿化诉求

3.4 结　语

儿童专科医院、综合医院、社区卫生服务中心等医疗机构在为儿童提供具有人文关怀的医疗保健服务方面还存在不足和缺失，尚难以提供高质量的照护以满足儿童就医过程中的心理与行为诉求。如何结合不同医疗机构的医疗资源供给现状，厘清不同医疗机构儿童就诊空间环境适儿化建设发展的共性与差异性诉求，为儿童就医提供更有温度、更有情感的多层级医疗服务资源，是当下儿童友好医院建设面临的主要问题。

第四章

建设路径：以人文友好为核心建设儿童就医环境

《健康儿童行动提升计划（2021—2025年）》中指出：开展儿童友好医院建设，应以环境设施符合儿童心理特点和安全需要、医疗保健服务优质高效为重点，以妇幼保健机构、儿童医院、综合医院儿科、基层医疗卫生机构为主体，开展儿童友好医院建设；医疗机构应构建符合儿童身心特点、呵护儿童健康全过程的温馨服务环境和友善服务氛围，努力为儿童提供有情感、有温度、有人文的优质医疗保健服务。因而，儿童友好医院建设应充分体现对儿童的关怀，尊重和满足他们的权利与需求，以人文友好为核心推进儿童就医环境建设。

4.1 儿童友好医院建设的路径框架

建设儿童友好医院是推动儿童友好城市建设、落实健康儿童行动的关键支撑。应以人文友好为核心理念，将儿童的情感需求、成长需求融入医院建设的全过程；以政策友好为坚实保障，通过制定专项规划、出台扶持政策，为儿童友好医院建设提供制度支撑与资源倾斜；以空间友好和服务友好为具体实施路径，在持续优化医疗资源配置的基础上，通过适儿化设计打造安全、温馨、童趣的诊疗空间，并聚焦儿童全周期健康需求，构建涵盖预防、诊疗、康复的服务体系。另外，还应根据医疗服务供给与需求特征，分类分级推进儿童友好医院建设，形成儿童友好的医疗服务网络，切实为儿童健康成长保驾护航（图 4-1、图 4-2）。

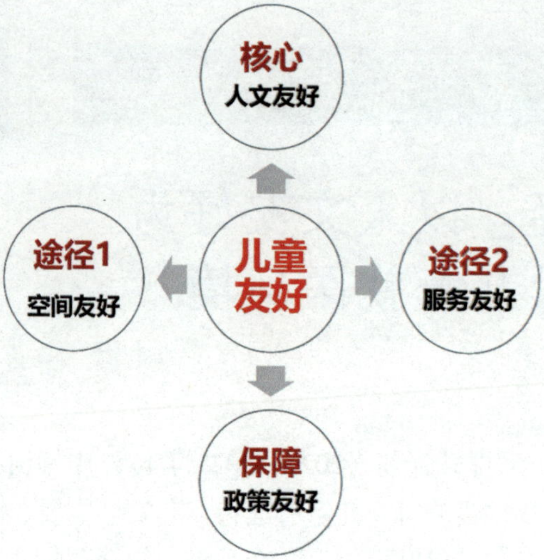

图 4-1　儿童友好医院的建设路径

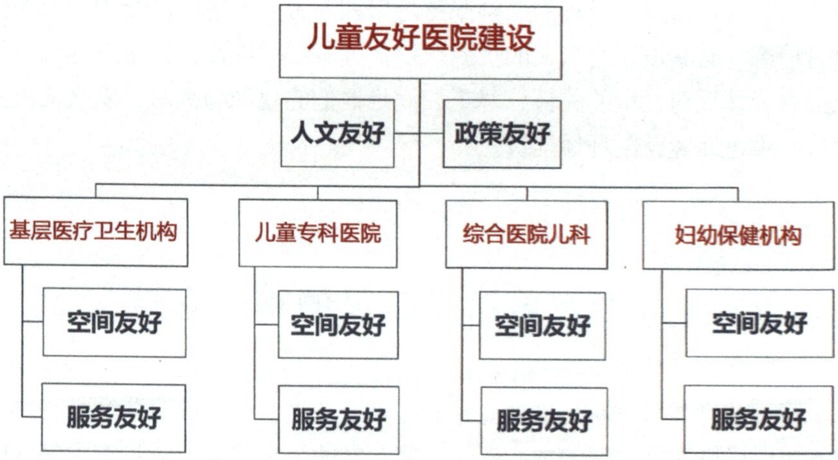

图 4-2　儿童友好医院的建设框架

4.1.1　核心：人文友好

儿童友好医院建设伴随着生物-心理-社会的现代医学模式转变，不仅需要解决儿童的疾病问题，更要从儿童生理与心理诉求出发，为其提供全流程的优质医疗服务，为更好地保障儿童安全就医提供物质环境和人文环境。

以人文友好为核心推进儿童就医环境建设，是将人文精神贯穿于儿童就诊所有环节中，从儿童的需求与视角出发，创建更加有温度、有情感的就医环境。主要体现为从生物医学模式转变为生物-心理-社会医学模式，其设计不仅需要考虑医院建筑设计普遍考虑的问题，还需要采取相应措施来缓解儿童就医过程中的不良心理情绪，满足儿童玩闹天性，为儿童就医提供安全、趣味、舒适的物质环境与人文环境。

4.1.2　保障：政策友好

遵循与儿童发展纲要和儿童友好城市建设要求一致性原则，做好儿童友好医院建设的顶层设计，要做到以下几点：① 儿童优先，在涉及儿童的相关政策制定时，优先考虑儿童利益和需求，从儿童身心发展特点和真实需求出发，在相关公共资源分配、制度制定、日常管理中，充分保障儿童就医权益与身心健康；② 可操作性，明确建设任务与推进方式，因地制宜、分类建设、典型示范、以点带面；③ 服务保障，构建充分保障儿童身心健康的服务体系，形成多元参与、职责明确、信息互通、协调推进的保障机制。

4.1.3　路径一：空间友好

空间友好即从儿童的需求与视角出发，尊重与释放儿童天性，结合儿童就医流程进行适儿化空间环境建设，有效应对儿童从交通到达、咨询与分诊、挂号、候诊、就诊、缴费、取药到离开等一系列就医流程中可能出现的不良心理情绪，满足儿童就医过程中多样性行为活动对空间环境的诉求，提升儿童的就医体验。同时，突出“一米世界”“童趣空间”以及具有医院特征的特色空间营造等，进而塑造生物-心理-社会医学模式下能够对儿童进行系统性健康照护的安全舒适环境。

4.1.4　路径二：服务友好

儿童就诊流程中的服务友好同样非常重要，特别是通过其与空间环境适儿化建设的密切配合，将有助于形成系统性的儿童友好就医环境。服务友好涉及儿童健康服务模式、就医服务体验、全周期儿童保健服务、临床诊疗服务、健康教育等方面的优化提升，需要针对儿童就医的全过程（就医前、就医中与就医后）提供人性化诊疗服务与诊疗外的健康服务，创建人性化、有温度的医院人文环境，通过高质量的照护满足儿童情感与心理诉求，进而更好地保障儿童身心健康。

4.2 儿童就医环境适儿化建设的具体措施

儿童友好医院建设是从“功能导向”向“情感疗愈”的深刻转型，需要突破单一疾病治疗局限，构建覆盖预防、诊疗、康复的全生命周期健康管理体系。它通过创新空间设计与服务流程优化，将人文关怀融入每个细节，打造专业且温暖的医疗环境，实现对患儿身心的双重呵护。在具体建设实践中，一方面应统筹规划医疗资源配置，整合硬件设施与软性服务，构建兼具专业性与人文关怀的儿童医疗生态；另一方面，需以儿童视角为核心，打造“一米世界”“童趣空间”，提供“有温度的医疗”服务，切实实现从疾病诊疗到身心呵护的全面升级。

4.2.1 统筹建设儿童友好医疗资源

以儿童医院、综合医院儿科、社区卫生服务中心/乡镇卫生院、妇幼保健院等医疗资源为依托，结合不同医疗机构类型在承担儿童医疗保健服务能力与功能上的差异性，进行儿童友好医院的网络化建设，为儿童提供区域协作、统筹运行的医疗服务。典型示范、以点带面、分类稳步推进儿童友好医疗资源建设。如《苏州市建设儿童友好城市战略规划（2021—2035年）》提出了苏州市、区儿童友好医院建设中的示范项目（表4-1），并指出：各市、区建有1所政府建设的标准化妇幼保健机构，加强综合医院儿科资源建设，二级综合医院、妇幼保健院设置儿童诊疗科目。二级以上综合医院、妇幼保健院提供儿科门诊服务；三级综合医院和承担区域医疗任务的二级综合医院应当提供儿科门急诊服务，并设立儿科床位。加强儿童专科医疗资源建设，加快建设市级儿童健康发展中心。加强基层儿童医疗资源建设，镇卫生院、社区卫生服务机构应当配备专业技术人才，提供儿科诊疗或儿童保健服务。

表 4-1 苏州市区儿童友好重点示范项目表

区域	示范项目名称		
吴江区（13）	苏州市第九人民医院	吴江区同里镇卫生院	平望镇梅堰卫生院
	江苏盛泽医院	松陵社区卫生服务中心	七都镇卫生院
	吴江区中医医院	吴江区第四人民医院	青云中心卫生院
	吴江区儿童医院	吴江区第五人民医院	七都镇庙港卫生院
	苏州永鼎医院		
吴中区（15）	太湖新城医院	郭巷街道社区卫生服务中心	太湖国家旅游度假区人民医院
	吴中人民医院	吴中区中医医院	光福人民医院
	中西医结合医院	城南街道社区卫生服务中心	越溪街道社区卫生服务中心
	苏州瑞华骨科医院	横泾街道社区卫生服务中心	城区社区卫生服务中心
	胥口镇卫生院	吴庭镇中心卫生院	甪直人民医院（甪直镇卫生院）
相城区（13）	妇幼保健院	相城区阳澄湖镇卫生院	元和街道社区卫生服务中心
	第五人民医院	相城区第二人民医院	太平街道社区卫生服务中心
	广济医院	相城区第三人民医院	黄桥街道社区卫生服务中心
	相城人民医院	漕湖街道社区卫生服务中心	相城区漕湖人民医院
	相城区中医医院		

续表

区域	示范项目名称		
姑苏区（9）	苏大附属第一医院	苏州市立医院本部	苏州市中医医院
	苏大附属第二医院	苏州市立医院东区	苏州市儿童健康发展中心
	苏大附属儿童医院	苏州市立医院北区	平江新城社区卫生服务中心
苏州工业园区（15）	苏大附属儿童医院	车坊社区卫生服务中心	跨塘社区卫生服务中心
	独墅湖医院	胜浦社区卫生服务中心	星湖医院
	苏州九龙医院	娄葑社区卫生服务中心	星海医院
	苏州新世纪儿童医院	金鸡湖社区卫生服务中心	星塘医院
	斜塘卫生服务中心	唯亭社区卫生服务中心	星浦医院
苏州高新区（7）	苏大附属第二医院	苏州明基医院	狮山街道社区卫生服务中心
	苏州科技城医院	横塘人民医院	枫桥街道社区卫生服务中心
	苏州高新区人民医院		

4.2.2　分类落实空间友好和服务友好

儿童友好医院建设是在儿童就诊相关的空间环境中全面落实人文友好理念，从儿童的需求与视角出发，尊重与释放儿童天性，以满足生物–心理–社会医学模式下对儿童系统性健康照护在物质和人文环境方面的需求。同时，针对不同类型医疗机构，需结合其医疗资源供给现状，突出其适儿化建设标准的差异性，建设能够对儿童进行系统性健康照护的就医环境（表4-2、图4-3）。

表 4-2 不同类型医疗机构空间友好与服务友好的具体建设措施

类型	编号	建设内容	社区卫生服务中心/乡镇卫生院	综合性医院	儿童专科医院	妇幼保健院
室外空间环境	1	机动车交通空间	△	●	●	●
	2	公共交通空间		●	●	●
	3	步行交通空间	△	●	●	●
	4	非机动车交通空间	●	●	●	●
	5	休息与等候空间		●	●	●
室外空间环境	6	儿童室外活动空间		●	●	●
	7	景观绿化	○	●	●	●
	8	标识系统	●	●	●	●
	9	建筑立面与形象	○	○	●	●
室内空间环境	1	公用部分	●	●	●	●
	2	诊疗空间	●	●	●	●
	3	候诊空间	●	●	●	●
	4	医疗检查房间			●	○
	5	儿童病房		●	●	●
	6	儿童活动空间	●	●	●	●
	7	母婴室	●	●	●	●
	8	卫生设施	○	●	●	●
	9	景观绿化	○	●	●	●
	10	标识系统	●	●	●	●
诊疗与健康服务	1	科普宣教	●	●	●	●
	2	人性化诊疗	○	●	●	●
	3	公益服务	●	●	●	●

注：“●”为应建设的设施；“○”为推荐选择建设设施；“△”为独立地块用地的社区卫生服务中心应进行建设。

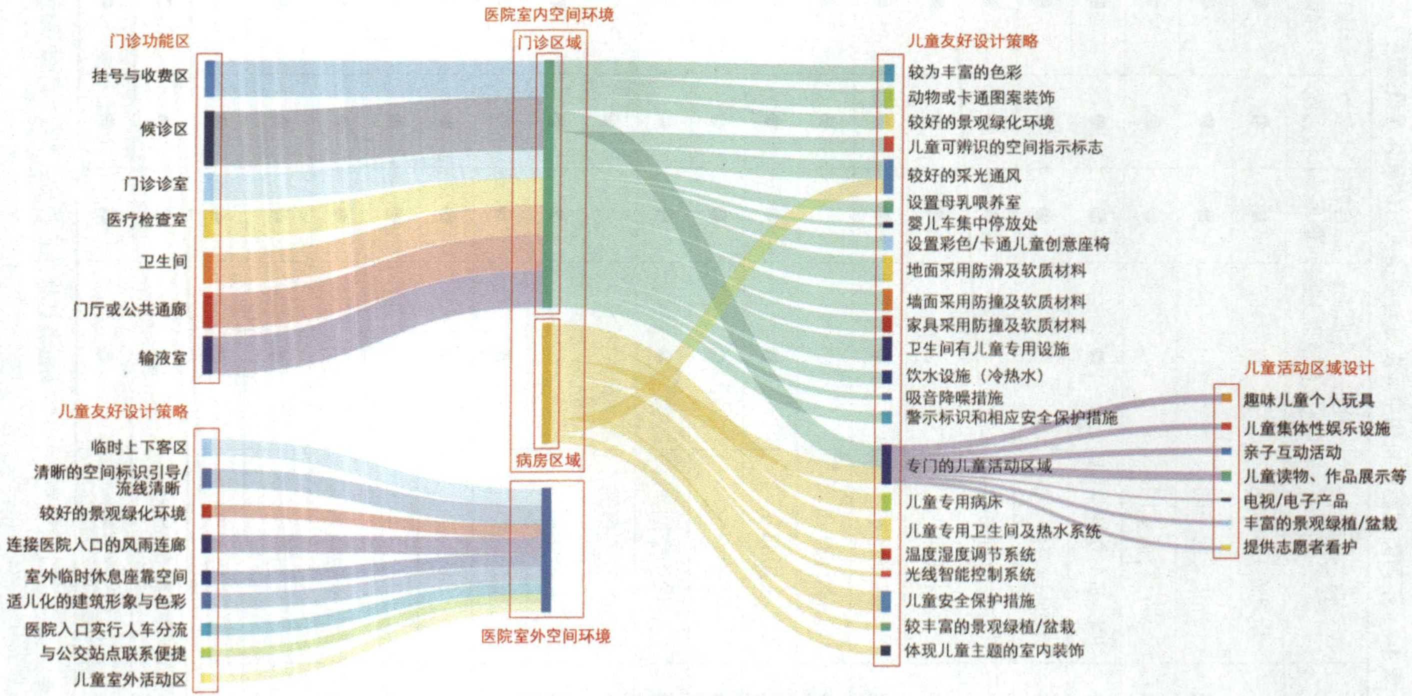

图 4-3　儿童专科医院空间友好措施

具体的建设措施为以下两点。

一是建设适儿化的医院室内外空间环境，突出“一米世界”与“童趣空间”，落实空间友好。医院室外空间环境的适儿化建设，包括交通组织、休憩与活动空间、建筑形象与景观环境等空间环境的优化建设；医院室内空间环境的适儿化建设，包括公用综合厅廊空间、候诊空间、诊疗空间、病区空间等空间环境优化建设。不同类型医疗机构需结合其医疗资源供给现状，利用室内外空间环境中儿童友好设计措施，进行针对性的适儿化建设，充分保障医院环境中儿童友好资源可用性，进而实现儿童友好医院的建设目标。在儿童停留时间长的诊疗区和儿童病房附近设置单独的儿童活动空间，并设置家长休息等候设施。此外，针对不同诊疗区和病区，进行不同主题的室内活动空间设置，空间大小应符合儿童活动开展的需求，预防接种区附近宜设置儿童活动空间。同时，门诊大厅、诊疗空间、候诊空间、儿童病房、儿童活动空间等室内空间，宜结合植物景观、绘画、雕塑、形象墙、色彩等多样化的视觉元素，温馨有趣且营造符合儿童主题的空间环境。另外，在公共空间离地 90—150 cm 范围内，可布置充满童趣的图画或儿童创意作品，以缓解儿童不安情绪。

二是提供人性化的诊疗与健康服务，突出“有温度的医疗”，落实服务友好。加强健康教育，开展多样性的儿童疾病防治科普宣传，进行健康节日宣教活动和季节病科普宣教。同时，开展人性化诊疗，创新儿童健康服务模式，优化就医流程，提高医疗服务效率；推进“互联网+儿童健康”诊疗服务，提供儿童中医保健与诊疗服务，引入疼痛舒缓治疗服务，完善预检分级分诊服务、诊前常规检验服务和家庭育儿咨询服务。此外，开展公益服务，如提供门诊导医、助医、亲情陪护、活动区看护等志愿服务项目；开展常态化的儿童健康咨询公益服务活动，如儿童义诊咨询、生长发育评估、用药安全指导等公益性咨询服务；开展家暴儿童个案筛查，对困难儿童开展慈善资助项目等。

4.3 结　语

本章节提出应以人文友好为核心进行儿童就医环境的适儿化建设。将人文友好理念贯穿于儿童就诊的所有环节中，从空间友好和服务友好两大途径推进儿童就医环境适儿化建设，有效回应了当前儿童友好医院建设如何满足儿童心理特征与行为活动诉求的关键性问题，进而可以创建更加有温度、有情感的儿童就医环境；提出应分类分级构建儿童友好医院。强调儿童医院、综合医院儿科、基层医疗卫生机构等在保障儿童健康中的主体作用的同时，突出适儿化建设标准的差异性，以满足儿童就医环境优化建设的差异性诉求；不同类型医疗机构需结合其医疗资源供给现状，进行针对性的适儿化建设，以充分保障医院环境中儿童友好资源的可用性，进而实现儿童友好医院的建设目标。

第五章

设计策略：儿童友好医院的建设方案

结合儿童就医环境现状与适儿化发展诉求，在儿童友好医院建设的路径框架的基础上，选择功能与空间较为复杂的儿童专科医院以及量大面广的社区卫生服务中心作为研究对象，进行系统性适儿化设计策略研究。

5.1 儿童专科医院适儿化设计策略

5.1.1 室外空间环境

1. 便捷安全的交通空间

医院场地中交通空间环境的适儿化建设，应以儿童和家长能够安全、便捷、舒适地进出医院和到达不同功能区域为原则，结合医院的场地条件与就医交通组织需求，通过设置清晰便捷的步行交通空间、能应对恶劣天气的风雨连廊、步行交通与机动车交通/公共交通的便利接驳、人车分流等方式进行儿童友好环境针对性建设。可以采用的具体策略有以下几点。

（1）融合拓展。

进行医院入口空间与城市街道公共空间融合拓展。如在高密度开发背景下，在澳大利亚奇伦托夫人儿童医院中，家长和儿童可以直接从城市街道进入医院建筑内部，医院在一层门诊入口处设置了带有遮蔽物的临时停车位，地下停车场出入口直接与城市道路相连（图 5-1）。在有高差的场地环境中，如南非纳尔逊·曼德拉儿童医院结合地形高差在竖向设置了与医院内部场地环境以及城市道路的多个交通连接，较好地提升了交通便捷性（图 5-2）。

图 5-1　奇伦托夫人儿童医院的交通空间

图 5-2　纳尔逊 · 曼德拉儿童医院示意图

（2）增强步行接驳的便捷性。

一方面，可利用地下空间进行立体化交通体系组织，在地下建立机动车上下客接驳大厅，通过设置自动扶梯、垂直电梯等垂直交通设施，实现与医院门厅空间的便利衔接；另一方面，在门诊、住院部等人流量密集区域周边，可设置即停即走的机动车临时上下客区，并结合相关隔离设施以避免人车混行，保障行人安全。临时上下客区需与医院内部车行道路形成高效联通网络，确保车辆能快速驶离或进入停车区域，减少交通滞留。此外，应强化与城市轨道交通站点的协同联动，在地下空间形成直接联系，或结合步行接驳空间设置风雨连廊，既为患者提供全天候无障碍通行环境，又可完善公共交通接驳体系，切实提升就医交通的便捷性与舒适性，助力构建高效、安全、人性化的现代医院步行交通环境（图 5-3）。

图 5-3　连接地铁电梯接驳厅与医院的风雨连廊

（3）强化儿童就医空间环境的导引。

通过设计直观、色彩鲜明且富有童趣的标识系统，确保儿童及其家属能够轻松导航。包括在医院入口处设置醒目的医院名称标识与总平面图，清晰标注各功能区如门诊楼、急诊部、儿科楼的位置，以及紧急出口和无障碍通道的明确指示（图 5-4、图 5-5）。标识设计需遵循儿童认知特点，采用大字体，使用对比度高的颜色，并结合图形符号，以便于儿童理解。如上海交通大学医学院附属上海儿童医学中心设计的空间导引地图（图 5-6），整张地图标注了医院室内外儿童就诊的相关位置，使家长和儿童能够快速找到想要前往的区域。

图 5-4　科罗拉多州儿童医院引导标识

图 5-5　巴塞罗那儿童医院引导标识

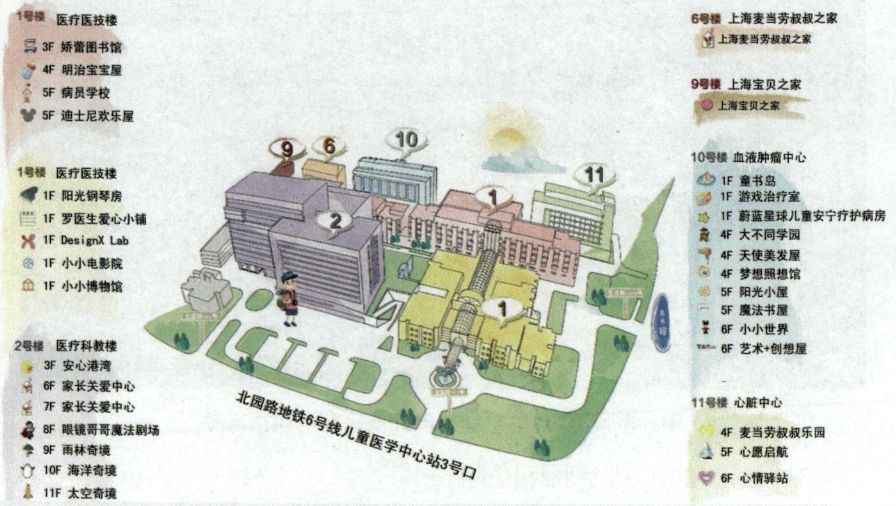

图 5-6　上海交通大学医学院附属上海儿童医学中心空间导引地图

2. 自然疗愈的景观环境

好的景观环境不仅能够有效缓解患者的焦虑、紧张等不良情绪，还能通过自然元素的疗愈作用，对患者身心健康产生促进效果。视觉与空间上的可达性、功能设施多样性、感官体验丰富性构成了恢复性景观的核心设计要素。在儿童医院室外空间环境建设中，为充分发挥景观的自然疗愈功效，为儿童打造舒适的就医环境，可以实施以下景观环境营造策略。

（1）沉浸式景观花园营造。在纳尔逊 · 曼德拉儿童医院中（图 5-7），充分结合了地形高差，采用借景和多层次外部景观花园的塑造，创造了花园般的景观环境，让儿童和家长可以置身于一个温馨的环境之中。

（2）垂直式景观布置。澳大利亚奇伦托夫人儿童医院以“生机勃勃的绿树”将医院建筑化身为城市景观，并结合屋顶空间设置丰富的景观绿化空间，在用地紧张的高密度城市环境中为儿童创造了一方绿洲（图 5-8）。

两种景观环境设计策略均能因地制宜，在创造出较好的外部景观环境的同时，与儿童就医活动流线密切结合，有效缓解儿童就医时的不良情绪。

图 5-7 纳尔逊·曼德拉儿童医院室外景观

图 5-8 奇伦托夫人儿童医院室外景观

3. 营造舒适的休憩与活动空间

为就诊者提供室外休憩空间是医院外部空间环境设计的重要内容之一，而设置专门化的儿童室外活动空间，体现了对儿童玩闹天性的尊重，也是医院外部空间环境适儿化建设的重要体现。交通可达性、空间安全性、环境舒适性以及活动多样性是医院室外休憩与活动空间营造的关键，可以采用的具体策略有以下几点。

（1）结合绿化景观营造温馨的休憩空间，如在南非纳尔逊·曼德拉儿童医院中（图 5-9），设置了游客花园、儿童花园、感官花园、康复治疗花园等多样化的室外休憩与活动空间，为儿童在室外进行休息、嬉戏、集会、康复治疗等提供了空间与功能支持。

（2）结合创意设施营造趣味氛围，如芝加哥儿童医院的休憩空间（图 5-10），利用色彩丰富的片墙做空间以及景观的围挡，能够有效吸引儿童的注意力，使儿童觉得进入了奇幻的游乐空间。

图 5-9　纳尔逊·曼德拉儿童医院休憩与活动空间

图 5-10　芝加哥儿童医院休憩空间

（3）室外儿童活动空间的布置可以结合风雨连廊，方便儿童通行之余，也增加了室外交通空间的趣味性。如图 5-11 所示为苏州大学附属儿童医院室外儿童活动空间设计效果图，利用风雨连廊系统将地铁出入口、步行空间、活动空间、休憩空间等融合在一起，形成儿童友好的趣味空间，每一个儿童活动空间都有属于自己的主题，并搭配不同的儿童活动设施，丰富儿童的活动形式。

(a)

(b)

图 5-11 苏州大学附属儿童医院室外儿童活动空间设计效果图

4. 塑造趣味的建筑形象

XS 医院建筑形象塑造了儿童对医院的基本认知，影响着儿童进入医院的心理状态。儿童医院可以通过形体塑造、色彩与灯光运用等来构建适儿化的建筑形象，可以采用的具体策略有以下几点。

（1）结合灯光等设施创造趣味形象，如美国尼莫儿童医院，采用了校园式的建筑风格，结合 LED 灯具的运用，在夜间形成了五彩斑斓的建筑“表情”，让整个建筑充满了亲切感。

（2）从建筑造型出发增加趣味形象，如哥本哈根新国家儿童医院则以两只手为出发点，塑造了雕塑一样的“手”状形态，手指的末端是彩色灯光、绿色环境等，形成了非常俏皮的建筑形象。

不同医院室外空间环境的适儿化设计策略见表 5-1。

表 5-1　不同医院室外空间环境的适儿化设计策略

案例		美国尼莫儿童医院	纳尔逊·曼德拉儿童医院	奇伦托夫人儿童医院	哥本哈根新国家儿童医院
总平面图		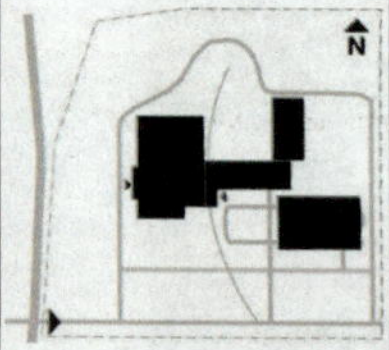	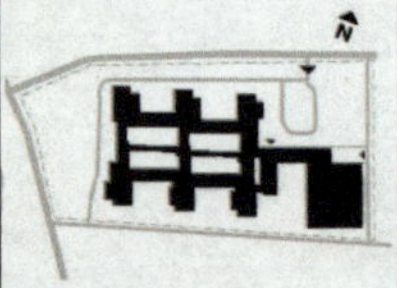	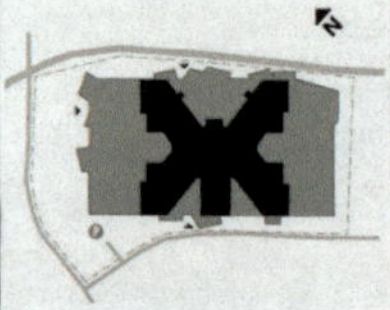	
整体建筑风貌					
主要外部空间					
主要设计特征	交通空间	以景观组织人车分流，带遮蔽物的入口驳客区	结合地形高差组织机动车停车和步行交通	与城市公共空间融合，带遮蔽物的入口驳客区	人车分流，临时驳客区，空中廊道接老院区
	休憩活动空间	沿步行空间设线性休憩区，多个活动花园	多个主题性花园满足多样活动诉求	结合城市街角设置公共性休憩与活动广场	休憩活动空间与入口院落空间结合
	建筑形象	校园式建筑形象，以病房灯光色彩丰富立面	宜人尺度，彩色遮阳墙，与景观环境融合	雕塑感，以“绿树”形象化身为城市景观	雕塑感，两只“手”的形象表达
	景观环境	多层次景观花园，城市景观引入	多层次景观花园，城市景观引入	结合地形高差和地库入口设置坡地景观	以景观绿化填充“手指”缝隙，向城市开放

5.1.2　室内空间环境

1. 设计趣味引人的公用综合厅廊空间

公用综合厅廊空间是医院枢纽部分，包括门厅、公用走廊等空间，设有接待问询、挂号收费等功能，并与相关诊疗区域、病区空间等相连接，是人流最为集中的区域（图 5-12）。同时还影响着儿童进入医院内部的第一印象。流动性空间、活泼的色彩、绿植、具有儿童主题的装饰与雕塑等都将有助于让医院空间贴近儿童的日常生活，缓解儿童和家长进入医院后的紧张情绪。如在南非纳尔逊 · 曼德拉儿童医院公用综合厅廊中（图 5-13），螺旋形楼梯、色彩丰富的家具、圆形窗洞以及引入庭院的自然景观等塑造了一个让儿童感到熟悉和温馨的环境；在哥本哈根新国家儿童医院中，在两只“手”的“手腕”相交处设置了多层共享的公共中心空间，结合主题化的空间营造形成了融合多样活动、富有动感、具有童趣的公共中庭空间，并且这个中庭与医院每个功能区联系便捷；奇伦托夫人儿童医院，结合昆士兰州自然景观的主色调，以两个垂直中庭和横向开放的公共空间构成了“活力之树”的整体空间意象，并在空间中置入了大量的动植物装饰，形成了充满趣味的公共空间环境（图 5-14）。上述设计方式可以归为以下两个类型：① 塑造具有熟悉感的宜人尺度的温馨空间环境；② 塑造奇观化、可参与的情景体验空间。另外，在公用综合厅廊空间中引入商业业态，也能缓解患儿的紧张情绪。

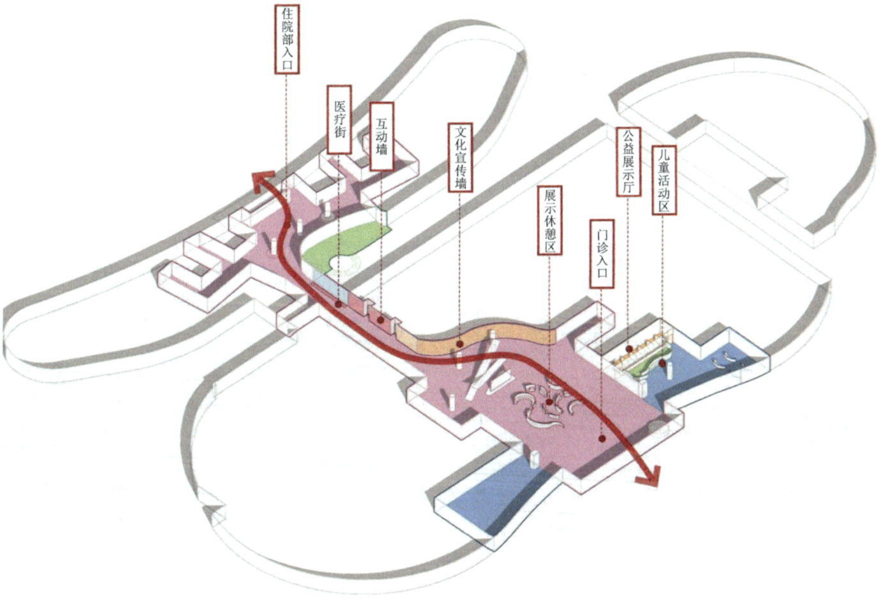

图 5-12 儿童医院公用综合厅廊空间设计示意图

图 5-13　纳尔逊・曼德拉儿童医院公用综合厅廊

图 5-14　奇伦托夫人儿童医院公共空间

2. 提供童趣友好的就诊空间

就诊空间是医护人员直接接触儿童，实施健康检查、疾病诊断以及提供治疗的场所，同样也是儿童出现紧张情绪较为严重的空间区域。特别是那些设有大型检查设备的房间（如 CT 室、核磁室等），儿童在其中接受检查时的内心恐惧感可能会更大。良好的通风采光条件、低饱和度的暖色调搭配、富有童趣的图案、绿化植物以及主题式空间氛围营造等都将有助于降低儿童的心理压力，便于他们顺利接受医护人员的诊疗。如在美国尼莫儿童医院中，将输液区紧邻屋顶花园，除了温馨的色彩搭配外，大面积的开窗也创造了较好的景观联系；在南非纳尔逊・曼德拉儿童医院中，就诊空间采用大窗户引入自然光线，并结合庭院植物景观进行减法，并且将核磁检查室设计为具有森林意象的情景式空间，身体检查过程成了穿越树洞之旅（图 5-15）。

（a）美国尼莫儿童医院输液区

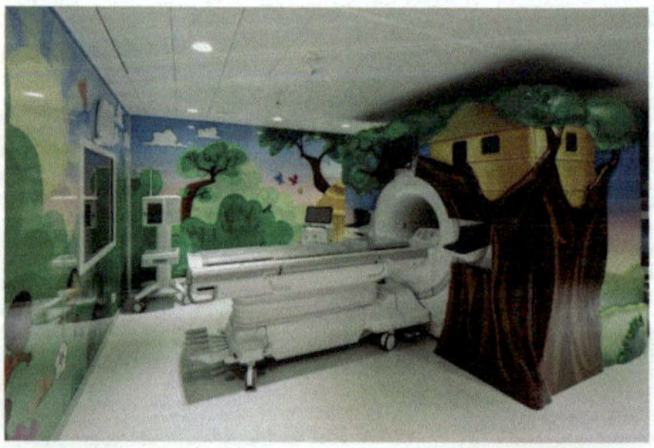

（b）纳尔逊・曼德拉儿童医院核磁检查室

图 5-15　儿童医院就诊空间案例图

3. 营造舒适的候诊空间

候诊空间是诊疗区必不可少的，随着就医流程不断完善，候诊等待的时间已有所减少。但仅通过面积或座位数来满足儿童与父母候诊时的生理诉求，难以缓解他们等待中的焦虑与不安情绪。可以采用的具体措施有以下几点。

（1）设置相对独立的等候区域，结合辅助功能与设施提供。如在美国尼莫儿童医院中，结合弧形外窗设置了花园般的候诊区域，庭院内景和远处的自然景观尽收眼底，并且通过室内抽象的自然环境塑造、彩色趣味座椅和家具设置、具有儿童躺坐功能的景观壁龛构置等设计策略，为儿童和家长提供了一个可放松休憩的场所空间（图 5-16）。

(a)　　　　(b)

图 5-16　美国尼莫儿童医院候诊空间

（2）采用艺术化与主题化的空间氛围营造。如在用地紧张的奇伦托夫人儿童医院中，候诊区域的设置结合了“绿树”的横向开放空间，以自然景观的主色调作为室内空间的基底色，向外探出的阳台和平台引入阳光和城市景观（图 5-17）。通过以上措施使等待环境变得舒适，儿童在等待过程中也将变得不再那么烦躁。

图 5-17　奇伦托夫人儿童医院候诊空间

4. 提供温馨多功能的病区空间

病区空间是住院儿童诊疗和生活的场所，其空间环境设计除了要满足临床诊疗与护理的要求外，还要给儿童创造家庭式的温馨感，给儿童提供活动、交往与学习的功能空间，让他们身处一个接近自然、自由活动的空间，从而对疾病的治愈产生积极作用。如在美国尼莫儿童医院中，在病区景观最好的位置设置了家庭活动室（图 5-18），以满足儿童多功能活动的需求；病房空间结合落地窗的设置获得了充足的日照和较好的景观视野，并提供了舒适的家具和设施，满足家长陪护照料的需求；病房色彩较为丰富，且儿童可以通过彩色 LED 灯对病房空间环境氛围进行个性化调节。在哥本哈根新国家儿童医院中，病房设计融合温暖的木质色与宁静的浅绿

图 5-18　美国尼莫儿童医院家庭活动室

色，点缀趣味装饰，创造了一个温馨且充满乐趣的环境（图 5-19）。

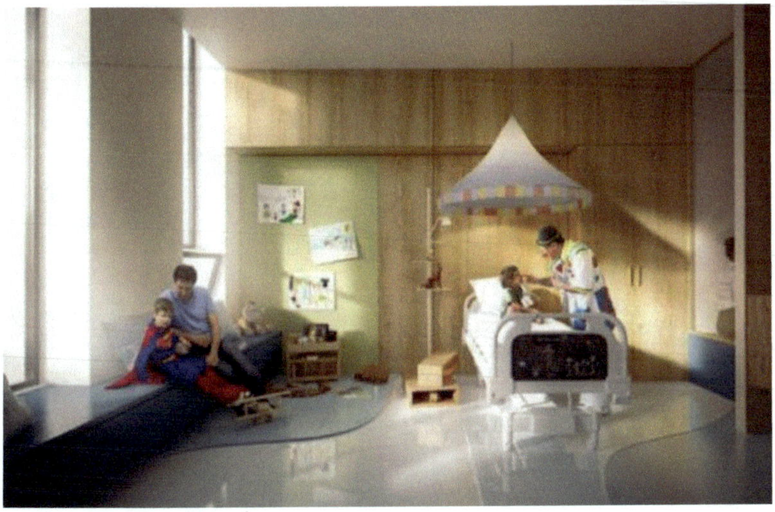

图 5-19 哥本哈根新国家儿童医院病房

5. 创造活泼有趣的儿童活动空间

带入儿童的玩闹天性，有助于营造出一种积极向上的医疗体验。这种理念深刻揭示了在服务儿童的医疗机构中，构建满足儿童多样性活动诉求的空间环境，不仅是儿童友好医院建设的重要内容，更是区别于普通医院的关键功能特色。此类空间的建设与优化，应遵循集中与分散相结合的布局原则，有机串联公用综合厅廊、候诊区及病区等公共区域，通过优化空间动线设计，充分保证儿童活动空间的可达性与便利性。在具体的空间环境营造过程中，除了打造主题鲜明的情景化空间，还可融入丰富的互动元素：设置童趣玩具角激发儿童探索欲，陈列儿童读物与作品展示区鼓励儿童发挥创造力，配备集体娱乐设施促进社交互动，增设亲子互动装置增进患儿与父母之间的情感联结，从而构建一个充满趣味性与人文关怀的舒适活动空间（图 5-20）。哥本哈根新国家儿童医院，除了在两只“手”的“手腕”相交处的公共中庭空间设置了集中式的活动区域，还在每个“手指”的尽头设置了可以容纳儿童多样性活动的冬日花园（图 5-21）。以嬉戏逻辑（playful logic）进行立体式、系统化的儿童活动空间营造，既消解了医院的冰冷感，也给儿童与父母在医院就诊期间带来了全新的体验。

图 5-20　儿童室内活动空间示意图

（a）　　　　　　　　　　（b）

图 5-21　哥本哈根新国家儿童医院活动区域设计

6. 提供儿童专用卫生间

在儿童专科医院中，设置儿童专用卫生间是营造儿童友好环境的重要举措。这一策略不仅关注儿童的生理需求，更强调心理舒适感的营造（图 5-22）。儿童专用卫生间的设计应融合鲜艳的色彩和富有童趣的主题装饰，如可爱的卡通角色或自然元素，以创造轻松愉快的氛围，从而有效缓解儿童在就医过程中的紧张情绪。儿童专用卫生间中所有设施的尺寸都需要为儿童量身定制，包括低位马桶和高度适宜的洗手池，确保儿童能够自主使用，避免因高度不适而产生的困扰。

安全性是儿童专用卫生间设计的另一关键因素。应在卫生间内安装安全把手，并采用防滑地面材料，以降低意外滑倒的风险。此外，为了提升儿童的卫生意识，卫生间内可张贴简单易懂的健康教育宣传资料，利用图文并茂的方式，引导儿童学习正确的洗手方法和培养良好的卫生习惯。在设施方面，可设置互动元素，如洗手时的游戏和趣味操作，不仅能够增强儿童的参与感，还能够提升他们的健康意识。

考虑到家长在儿童就医过程中的陪伴需求，卫生间内应设有亲子卫生间，允许家长在陪伴较小的儿童时使用，进一步增强儿童的安全感和家庭归属感。最后，通过建立有效的反馈机制，医院可以收集儿童及其家长的使用体验和建议，持续改进卫生间的设计与服务，确保环境的卫生和舒适。

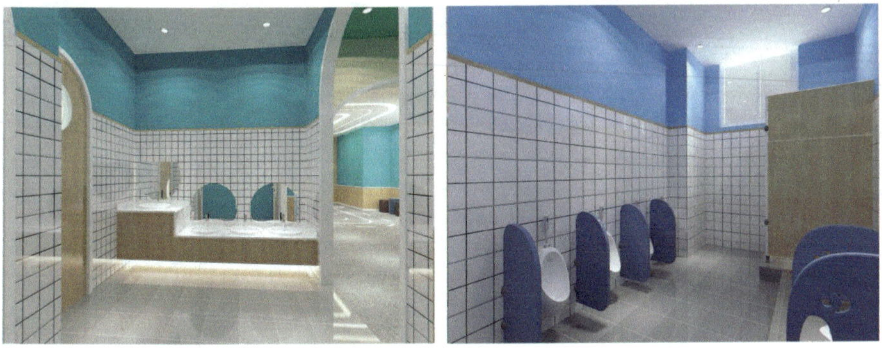

（a）　　（b）

图 5-22　儿童专用卫生间案例

不同医院室内空间环境的适儿化设计策略见表 5-2。

表 5-2　不同医院室内空间环境的适儿化设计策略

案例	美国尼莫儿童医院	纳尔逊·曼德拉儿童医院	奇伦托夫人儿童医院	哥本哈根新国家儿童医院
平面组织	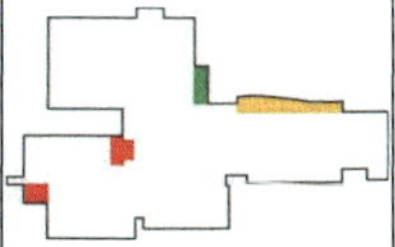	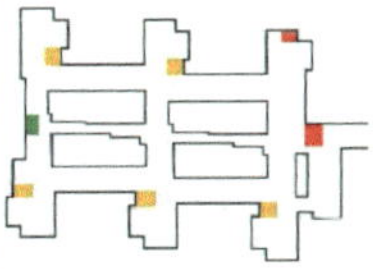		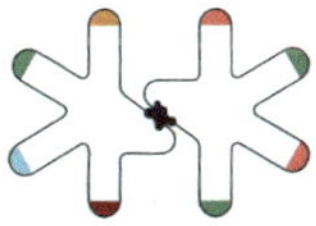
门厅空间				

续表

案例		美国尼莫儿童医院	纳尔逊·曼德拉儿童医院	奇伦托夫人儿童医院	哥本哈根新国家儿童医院
主要候诊与活动空间					
主要设计特征	公用空间	熟悉、宜人的校园式温馨空间	熟悉、宜人的家庭式温馨空间	奇观化、可参与的情景体验空间	奇观化、可参与的情景体验空间
	诊疗空间	温馨的色彩，输液区紧邻屋顶花园	结合庭院景观、森林意向的情景式空间	自然景观的主色调，动植物艺术元素	结合“手指”缝隙间景观，营造家庭般氛围，流线便捷
	候诊空间	花园般的候诊区域，视野开阔	结合弧形墙面，扩大候诊区，增加趣味性	结合“树枝”空间设置，导向明确，与城市对话	结合中心区共享空间设置家庭休息等候区
	病区空间	充足光照和景观，色彩丰富，舒适的陪护设施	结合景观院落，提供活动、交往与学习空间	自然色调、充足光照和景观，居家式病房环境	充足光照和景观，营造家庭般氛围，丰富休息活动区
	活动空间	与休息区、家庭活动室、屋顶花园等结合	分散化小尺度活动室与院落活动区结合	结合屋顶花园、“树枝”空间设置，与城市对话	中心立体式与主题式休息活动区结合

5.1.3 诊疗与健康服务

在医院的临床诊疗基础上，开展多样性的儿童疾病防治科普宣传、人性化诊疗服务、公益服务等儿童照护服务供给，能够改善儿童就医时的照护服务体验，以高质量的照护来满足儿童情感与心理诉求。

1. 科普宣教

开展多样性的儿童疾病防治科普宣传。通过线上和线下媒介将临床案例、常见疾病防治知识转化为科普趣文，以有趣、通俗的方式向公众传播儿童健康知识；开展儿童健康云课堂或制作儿童健康科普的微视频。在世界罕见病日、全国爱眼日等健康节日期间进行健康节日宣教活动，通过多样化的媒介推出相关科普讯息。在手足口病、流行性感冒等疾病高发期，进行季节病科普宣教，通过多样化的媒介发布疾病科普资讯和就诊流程。

如常州市儿童医院作为科普教育基地，利用“互联网+”策略，每年举办众多健康科普活动，覆盖儿童健康多个方面，包括生命科学和心理健康，惠及广泛人群。医院通过这些活动促进家庭健康参与和生活方式的积极改变，展现了其在医疗之外的教育和社会责任。

2. 人性化诊疗

推进“互联网+儿童健康”诊疗服务。如提供儿童常见病、多发病的网络诊疗咨询服务；提供儿童常见病、慢性病的网络复诊服务，包括分时预约、线上视频问诊、报告查询、药品配送等医疗服务。并提供儿童中医保健与诊疗服务、预检分级分诊服务、诊前常规检验服务（血常规、尿常规等）。建立儿童心理健康问题的预防、评估、干预和转介机制，加强对儿童心理问题的早期发现与早期干预；针对儿童家长开展各种形式心理健康教育。

如上海市儿童医院，通过设置“诊前化验”有效改善了患者的就医体验，提高了医生的问诊效率，还在很大程度上避免了因回诊患者“插队”与首诊患者间的矛盾；医护人员的人文关怀，可以有效拉近与儿童的关系，分散儿童对病痛的注意力，提升就诊质量，如内科医生身上常常挂有小熊图案的听诊器、在超声检查时将耦合剂加热后再给患儿涂抹、医护人员开展无痛穿刺比赛等措施都体现了人性化诊疗。

3. 公益服务

医院开展公益服务项目时宜成立医务社工部，推进服务儿童的志愿者队伍的专业化建设。提供门诊导医、助医志愿服务。在门诊大厅、就诊区设立导医服务志愿者岗位，协助办理就医卡、填写资料、提供咨询、解答门诊就医流程、指引方向；协助儿童家属，为其提供方向指引、挂号方式说明、就诊流程指导等服务，协助门诊大厅的工作人员进行病人的疏导，维持秩序；协助分诊台工作人员进行分诊。应开展常态化的儿童健康咨询公益服务活动；针对儿童义诊咨询服务、生长发育咨询、用药安全咨询等提供公益性咨询服务；注重困境儿童（单亲、离异、流动、贫困等）的心理健康帮扶，并鼓励、支持社会力量参与。

如在上海市儿童医院，医院社工部构建了“四叶草”服务模式（图5-25），建立了以“患儿成长支持”、“家长成长支持”、“志愿者成长支持”和“医护成长支持”为基础的四大人文服务体系。

图 5-25　上海儿童医院人文服务体系

5.2　社区卫生服务中心的儿童友好设计

5.2.1　室外空间环境

1. 确保通畅安全的交通空间

（1）公共交通空间。

前往社区卫生服务中心就医的交通方式有很多种，调研结果显示主要为骑行、步行以及私家车出行。针对不同的交通方式，社区卫生服务中心对于儿童友好交通空间的建设也有不同侧重。综合机动车、非机动车以及步行的道路组织，为保障儿童的步行安全，社区卫生服务中心场地出入口附近须设置人车分行的道路组织方式，减少出入口附近车辆较多、影响儿童出行的情况。

对于新建的社区卫生服务中心来说，其主要人行出入口周边150 m范围内应设有公共交通站点，便于乘坐公共交通出行的儿童和家长出行。

（2）机动车交通空间。

① 通用型策略。

在社区卫生服务中心场地内及附近保障行车的安全及道路通畅是一项基本要求，体现出对儿童出行安全的重视。但是大部分社区卫生服务中心都存在车行道路拥堵、车辆随意停放等影响儿童正常出行的问题。需要对其进行适儿化设计，可以采取的策略有：内部道路施行限速，宜实行机动车单向行驶；合理设置机动车停车场，独立设置非机动车的停车区域，以防止车辆占用车道造成道路不顺畅的情况。

② 针对型策略。

“独立-开放融合式”的社区卫生服务中心的车行空间为必须进行适儿化设计的指标。该类型社区卫生服务中心大部分没有室外空间，直接沿街道建设。需要对社区卫生服务中心门口道路两旁的机动车与非机动车进行通行疏导以及规范其停车区域，使得道路通畅。

机动车交通空间通用型建设策略与针对型建设策略详情见表 5-3。

表 5-3　机动车交通空间建设策略与应用

类型	通用型	针对型
适用	全类型	独立-开放融合式
策略	宜实行机动车单向行驶； 组织机动车、非机动车停车区域	出入口前道路组织非机动车停车区域，疏导机动车通行
现状案例	 CF 社区卫生服务中心	 LJ 社区卫生服务中心
应用图示	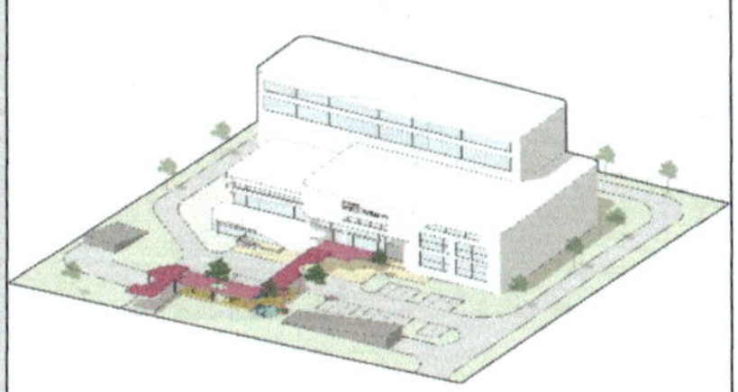	

2. 设计合理的步行空间

步行空间不仅承载着儿童入院就医的交通通行功能，也是开展室外活动的重要空间纽带。鉴于儿童肢体协调性不足、风险预判能力有限，且对单调环境易产生抵触心理，打造安全舒适且富有趣味性的步行空间，是进行室外空间环境适儿化建设的关键。基于儿童的生理与行为特征，步行空间的适儿化建设可从以下三个方面展开。

（1）组织人行道。

医院室外步行空间环境需要满足连续、安全、无障碍通行要求。在有条件的情况下应实行人车分流，人行道靠近机动车道的一侧做抬高或者隔离设施，以避免人车冲突，同时人行道尽量避免与机动车道交叉，交汇处宜通过抬高或斜坡形式保证儿童通行通畅，并设置相应的警示标识；条件有限时应尽量保障道路的通畅，使儿童的步行有一条连贯的空间。人行道通用型组织形式见表 5-4。

表 5-4　人行道通用型组织方式

策略	现状案例	应用图示
靠近机动车道一侧抬高	 GTXC 社区卫生服务中心	
靠近机动车一侧设置隔离栏	 XSGZ 社区卫生服务中心	

续表

策略	现状案例	应用图示
场地有限时保持道路通畅	 LJ 社区卫生服务中心	

（2）营造舒适的步行环境。

一是提高步行道路质量，保障儿童通行安全。步行道路应采用防滑防摔材料，避免采用卵石、碎石或其他凹凸不平的地面材料，以造成儿童摔倒的情况。另外若长期使用的路面出现裂缝、沉陷等较为严重的损坏，导致路面积水或出现高低不平的情况，须及时修复。（图 5-26）

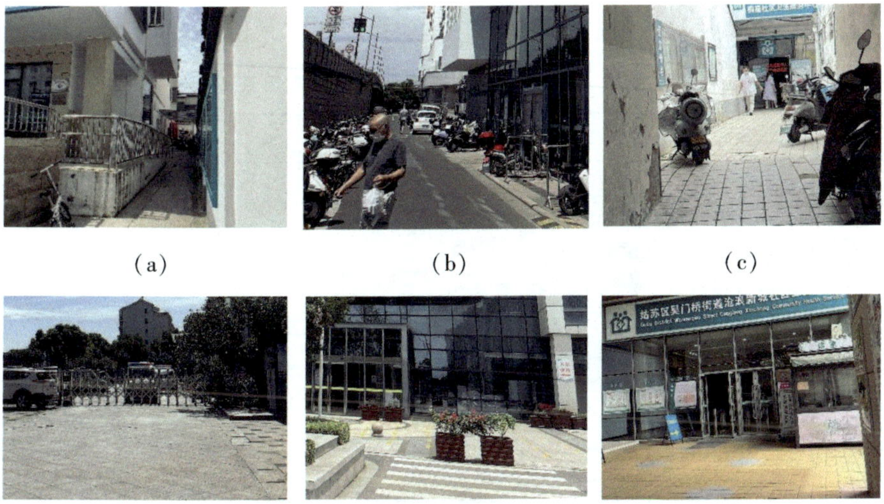

（a）（b）（c）（d）（e）（f）

图 5-26　道路空间现状

二是点缀趣味性装饰，创造活泼氛围。宜对人行道上的树池、井盖、人行道铺装、无障碍设施等进行人性化、趣味化装饰，如绘制童趣图案、使用艳丽色彩等方式（图 5-27）。

（a）　　　　　　（b）

图 5-27　人行道趣味性装饰示意图

（3）搭建风雨连廊。

搭建可以抵抗炎热、下雨、下雪等恶劣天气的风雨连廊，能较为明显地提升儿童的室外步行舒适度。风雨连廊的设置地点有：从场地入口到建筑入口之间；当院内建筑采用不同分区独立设置时，在相邻建筑之间设置；无室外场地时可以在出入口设置符合规定的雨棚，形成室内外过渡空间。风雨连廊建设通用型策略与应用示意见表 5-5。

表 5-5　风雨连廊建设通用型策略与应用示意

类型	策略	现状案例	应用图示
场地入口开始	从场地入口开始设置风雨连廊；设计趣味性造型	 CF 社区卫生服务中心	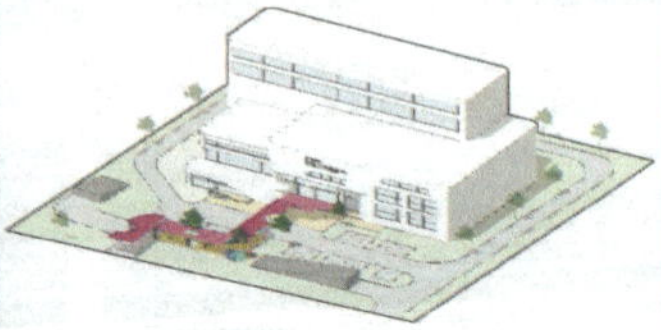
相邻建筑之间	连接建筑之间出入口；设计趣味性造型	 RD 社区卫生服务中心	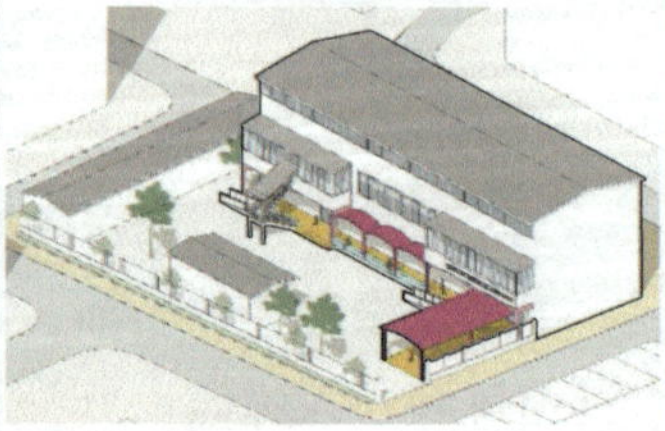

续表

类型	策略	现状案例	应用图示
雨棚	主要出入口处设置雨棚	 LJ 社区卫生服务中心	

另外，调研结果显示“混合-封闭分离式”社区卫生服务中心需要搭建风雨连廊，其他三种类型建议搭建。

3. 增加绿化面积与观赏性

（1）增加绿化空间。

有室外空间的社区卫生服务中心通常会出现为解决车行或人行的通行需求，大力压缩绿化景观空间的现象，导致场地视线范围内硬质铺地较多或者存在一些消极空间等情况。在改造的过程中应当在不影响正常通行的前提下对硬质铺地和消极空间进行整合并种植草木，来优化儿童室外步行体验。增加绿化空间的策略与应用示意见表 5-6。

表 5-6 增加绿化空间的策略与应用示意

现状案例	现状平面图	更新后平面图
 RD 社区卫生服务中心	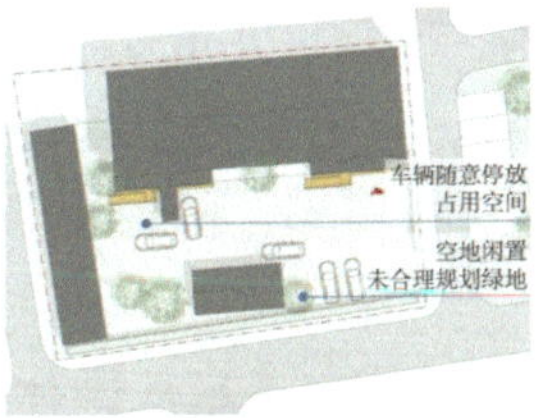 空间被随意停放的车辆占据	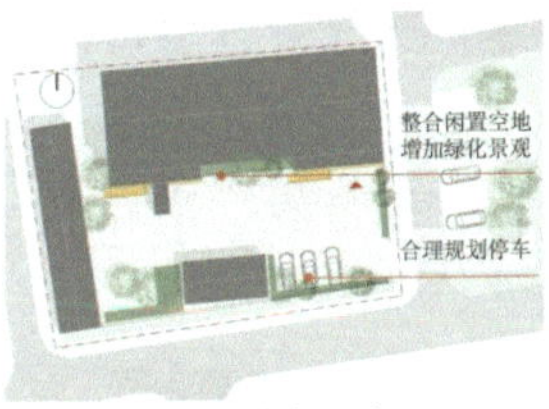 整理剩余空间形成绿化空间

（2）优化绿化景观设计。

如何在有限的室外空间环境中，较为明显地提升儿童室外体验的舒适度是绿化景观设计的重要考虑方向。可采取的设计策略包括：在儿童室外步行较多的道路两旁种植可以遮阳的树木；在儿童候诊区窗外布置绿化，形成观赏景观；若室外有较大面积的景观绿化，可以在其中布置小路以及休息座椅等（表 5-7）。

表 5-7　优化绿化景观的设计策略示意

项目	形成遮阳空间	形成观赏空间	布置游玩休憩设施
应用图示		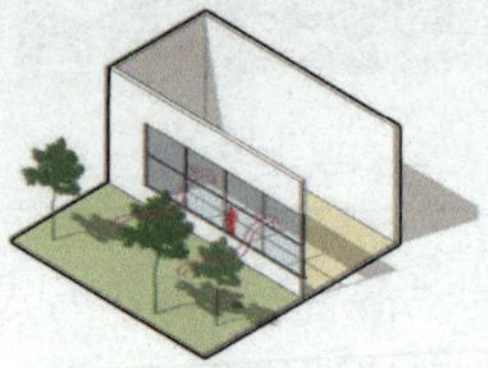	

（3）合理选择植物配置。

在选择植物种类时要避免有毒有害，有异味，产生大量花粉、飞絮和带刺的植物，以免给儿童造成伤害。应尽量选择花期较长、观赏价值较高的植物，能舒缓儿童的心情、促进身体健康。同时在颜色的选择上多选用鲜艳、多样化、有特色、能吸引儿童注意力的颜色。

4. 提供舒适的休憩与活动空间

（1）营造放松休憩空间。

室外休憩设施的布置需紧密结合社区卫生服务中心室外空间条件，通过差异化设计实现功能与空间的有机适配（表 5-8）。

① 对于无独立室外空间的社区卫生服务中心，受限于场地资源，可在建筑边缘设置少量条形座椅，以满足儿童及陪同家长简短休憩需求。

② 当室外空间较为局促时，宜沿主要步行路径或在树荫下设置条形座椅，结合步行道路提升设施利用率，同时借助绿植遮阴改善休憩舒适性。

③ 若室外空间较为充裕，则可在满足基础休憩功能的前提下，进行复合化功能空间设计，如将景观绿化和休憩与活动设施进行融合，打造兼具遮阴、漫步以及儿童活动功能的空间。如建设可漫步、可停留、有遮蔽物的线性景观连廊空间，并可围绕树木设置环形座椅，建设围合式交流场所，满足亲子互动与社交需求。此外，对于与商业综合体混合的社区卫生服务中心，可充分利用共享机制，整合公共空间内的休憩与活动设施，为儿童提供更丰富多元的休憩场景选择。

表 5-8　休憩空间的设计策略与应用示意

类型	策略	应用图示	应用	
			现状	更新后
无独立室外空间	沿墙布置少量座椅	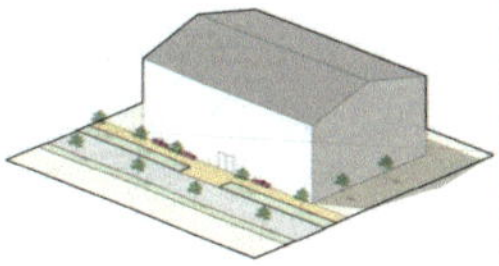		
			LJ 社区卫生服务中心	
室外空间较小	沿步行道或树荫下组团布置	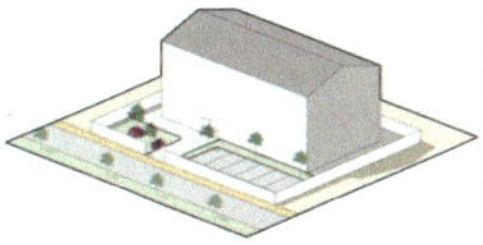		
			GTXC 社区卫生服务中心	
室外空间较大	结合景观绿化与活动设施进行设计	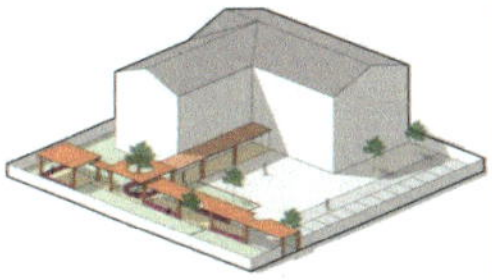		
			CF 社区卫生服务中心	

（2）合理选择休憩设施。

在社区卫生服务中心室外休憩设施的材料选择方面，需兼顾安全性、舒适性与适儿化需求。木材及仿木材料因质地温润、触感柔和，且温度传导性低，能有效避免儿童因温度变化产生的不适感，同时其天然纹理可营造亲近自然的疗愈氛围。在此基础上，可适当增设童趣造型的座椅，如卡通动物造型、几何拼接座椅等，通过色彩明快的装饰点缀，激发儿童的探索兴趣与愉悦感。若选用金属材质座椅，则需谨慎考量其热传导特性。由于金属在阳光下易快速升温，可能造成烫伤风险，因此应将其布置于树荫、廊架等遮阳区域，或搭配其他温度传导性低的材料进行组合设计，在功能性、美观性与安全性间达成平衡（图 5-28）。

(a)

(b)

图 5-28　座椅材料与形式示意图

5. 设置儿童活动空间

在有室外场地的情况下，可选择设计儿童室外活动空间，尤其是对于“独立–开放融合式”“混合–开放融合式”这两种类型的社区卫生服务中心来说。

(1) 通用型策略。

室外儿童活动空间的位置选择应该与医院公用区域联系便捷，结合绿化空间、风雨连廊空间进行布置，形成围合空间或遮阳空间；保持场地安全，不受机动车干扰，地面设施选用安全材料铺装；附近设置可以供家长休息的座椅等空间，便于家长对儿童进行看护（图 5-29）。

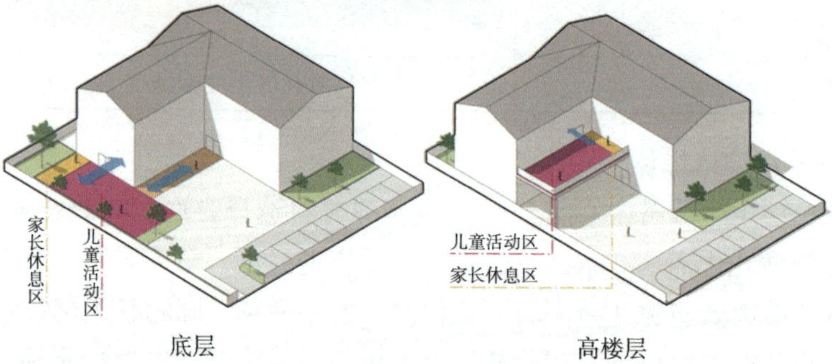

图 5-29　儿童活动空间示意图

(2) 针对型策略。

研究反馈，对于“独立–开放融合式”“混合–开放融合式”这两种类型的社区卫生服务中心，由于其混合的性质，这两种类型的室外空间对外开放，本着高效使用资源的目的，提出开放共享式室外儿童活动空间的概念，旨在让社区内距离较近的儿童也可以前来活动玩耍（图 5-30）。

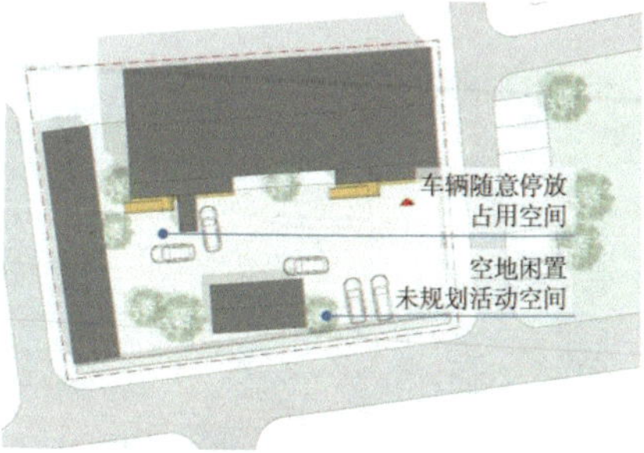

（a）现状平面图

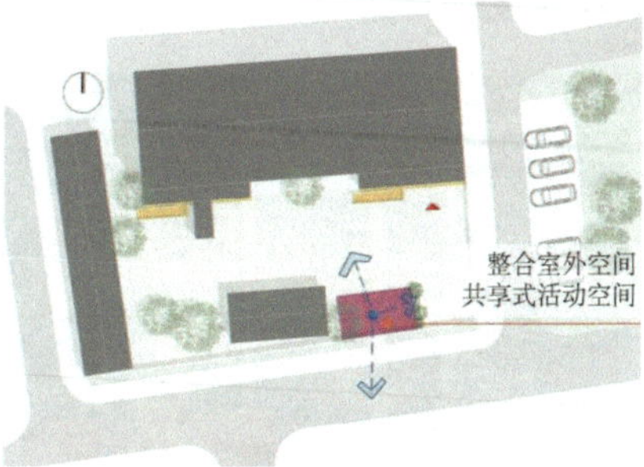

（b）优化后平面图

图 5-30　开放共享式室外儿童活动空间建设（RD 社区卫生服务中心）

开放共享式室外儿童活动空间的组织方式主要为，在不影响通行的前提下，位置选在场地的边缘区域，便于儿童找到，以及保障社区卫生服务中心内部功能不受打扰，但同时需要与建筑出入口联系较为便捷。可以结合景观绿化以及休憩座椅布置，方便家长看护，保障儿童安全（图 5-31）。

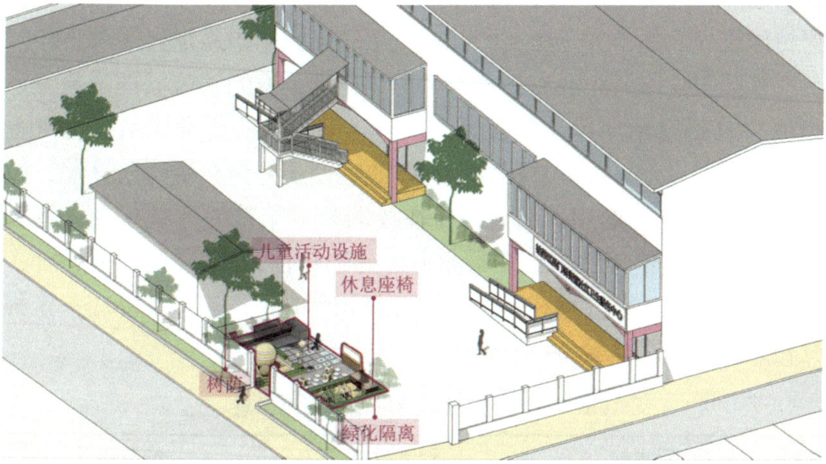

图 5-31　开放共享式室外儿童活动空间组织方式示意图

6. 合理选择活动设施

在儿童活动设施的选择上，建议选择较为舒缓的活动形式，尽量减少运动量较大、高度较高的活动器材的使用，以避免对儿童造成伤害。在材料的选择上需要选用近自然或高于国家环保标准的材料，金属材质的活动设施放置在阴凉处，避免阳光直射导致表面温度过高。可以选用互动性活动设施，激发儿童与环境互动的感知，从而消解儿童的不良情绪（图 5-32）。

（a）　　（b）

图 5-32 儿童活动设施示意图

7. 优化建筑立面形象

社区卫生服务中心作为综合类型的医疗机构，其服务的对象为全年龄段的居民。其建筑的形象及立面处理无法做到完全符合儿童的心理需求，故保持建筑立面的整齐干净，给儿童留下较好的初印象是其基本要求。

在社区卫生服务中心有条件的情况下，可采取的建筑立面形象设计策略包括：① 通过增加建筑立面的色彩以达到美观的要求或结合儿童主题进行建筑立面设计，如森林树木、海洋等，便于儿童接受医院环境，减弱心理的抗拒感；② 运用灯光效果，在夜间塑造丰富的建筑形象；增加立面童趣装饰，来提高社区卫生服务中心的趣味性；③ 进行细节设计，创造宜人的尺度与景观环境相融合，拉近与儿童的距离等，都能在一定程度上优化儿童的就医体验。（表 5-9）

表 5-9　建筑立面形象设计策略示意

策略	色彩点缀	灯光效果	细节设计
示意图			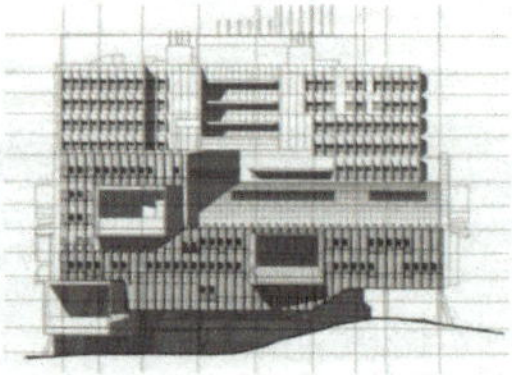

5.2.2 室内空间环境

1. 构建便捷舒适的公共厅廊空间

社区卫生服务中心的公共厅廊空间是进行适儿化室内空间环境建设的区域之一。公共厅廊空间主要包括位于儿童就诊区附近的门厅、过厅、走廊、楼梯间等区域，流动的空间或活泼的色彩、具有儿童主题的装饰与雕塑等都有助于让院内空间贴近儿童的日常生活。具体的适儿化建设策略主要有：① 增强道路通行安全，在这些空间中儿童主要以动态的行动为主，采用防滑或软质的地面材料，可以减少儿童摔倒受伤的现象；② 营造一米趣味世界，根据儿童的生理尺度，在走道等空间界面的地面到 90—150 cm 的范围内进行界面设计，其形式有多种，如简单的童趣贴画、具有互动性的墙面交互设施或儿童创意作品等；③ 保障交通空间通畅，针对走道结合候诊座椅或者儿童活动空间布置的情况，座椅靠墙布置、规划好儿童活动空间范围，留出足够通畅的交通空间，以避免产生拥堵，尤其对于走道较窄的社区卫生服务中心。如图 5-33 所示为 GTXC 社区卫生服务中心对其公共厅廊空间进行适儿化更新建设示意。

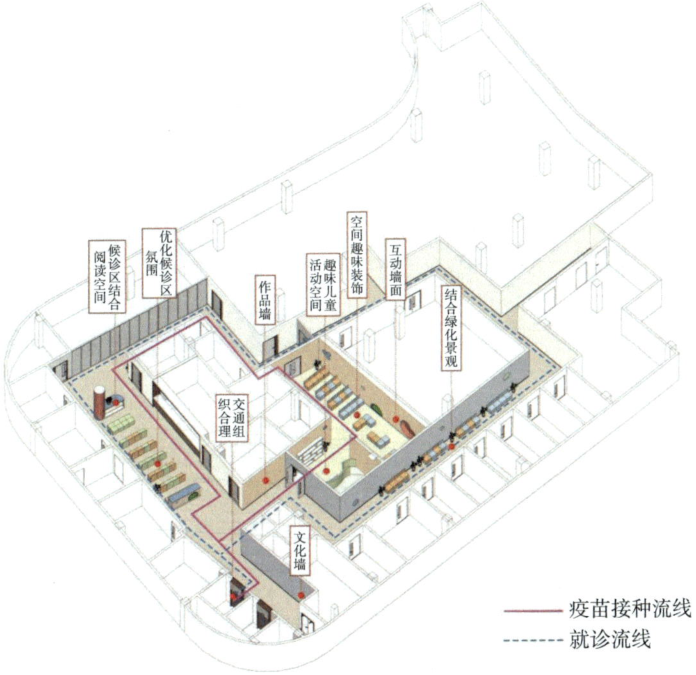

图 5-33 GTXC 社区卫生服务中心公共厅廊空间改造示意图

2. 提供童趣友好的诊疗空间

诊疗空间是医护人员直接与儿童接触，实施健康检查、疾病诊断以及提供治疗的场所，同样也是儿童出现紧张情绪较为严重的空间区域。社区卫生服务中心适儿化空间环境建设涉及儿童保健及儿科诊室、预防接种、输液室、中医门诊等场所，儿童最常使用的空间为儿童保健及儿科门诊、预防接种区，同时也是诊疗空间中最需要进行适儿化建设的区域。

对于社区卫生服务中心来说，儿童在预防接种区接种疫苗时的内心恐惧感较大，容易发生哭闹等现象。除了保持基本的空间舒适度外，还需要营造可以缓解儿童心理压力的轻松氛围，便于他们顺利接受诊疗。对于较为重要的预防接种区和儿童保健及儿科门诊来说，具体的适儿化建设策略有：① 打造自然窗景。在满足医疗要求的基础上，大面积开窗引入自然光线并通风，创造较好的景观联系，营造贴近自然的空间氛围。② 设计童趣空间。各个诊室以医疗行为为主，不便于对空间设计较为复杂的装饰，宜采用暖色调或低饱和度的颜色，在离地面 90—150 cm 范围内设置童趣性图案装饰以营造活泼的空间氛围，也可选用色彩丰富或造型有趣的座椅等家具进行点缀。③ 选用人性化家具。选用符合儿童尺度的绿色环保材料，选用无棱角座椅，保障儿童就医过程中的安全性（图 5-34）。

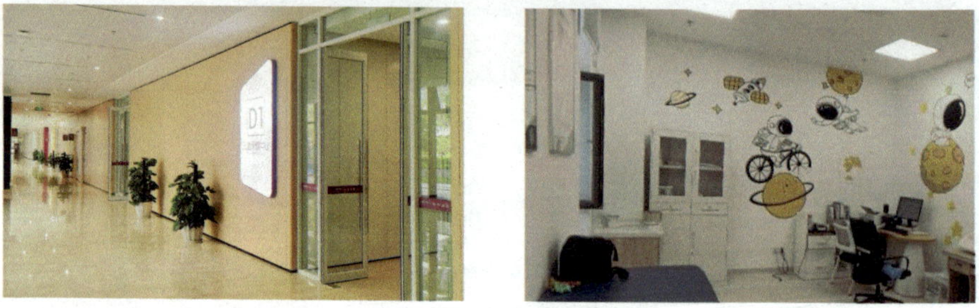

（a）　　（b）

图 5-34　诊疗空间示意图

预防接种区的留观区是儿童长时间停留的空间，是适儿化更新的重点场景。可通过自然景观引入，设置绿植墙、迷你花园；融入趣味科普装置，展示疫苗知识；布置亲子互动设施，如积木桌、绘本角等。将留观区从“被动等待空间”转化为“自然探索+知识启蒙+亲子互动”的复合场景，进而提升儿童留观期间的心理舒适度与时间利用率。相关适儿化策略，可参考候诊空间。

3. 营造舒适的候诊空间

（1）合理规划候诊区域。

对于候诊空间的区域规划应满足每个诊室就诊的人数以及使用方便的需求为基本要求。具体的组织方式有：① 划分独立的候诊区域。儿童候诊区的空间尺度应满足候诊和通行需求，宜在诊疗区端部设置候诊厅，确保与各诊室联系便捷；② 沿走道布置。利用走道单侧候诊时，走道净宽不应小于 2.40 m，利用走道两侧候诊时，走道宽度不应小于 3.00 m，以满足儿童候诊需求（表 5-10）。

表 5-10 候诊区规划示意图

组织方式	独立候诊区域	沿走道布置
示意图	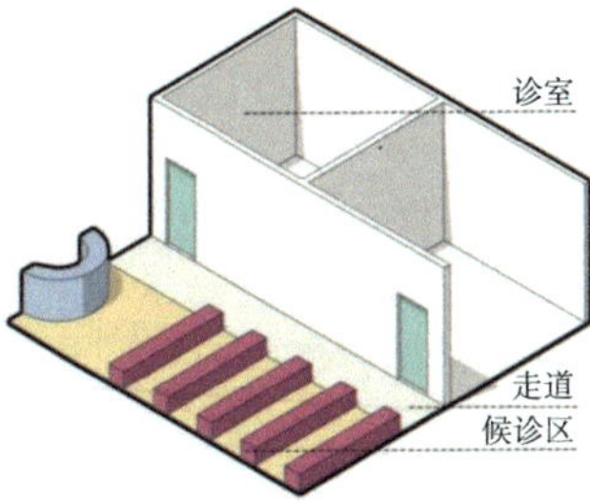	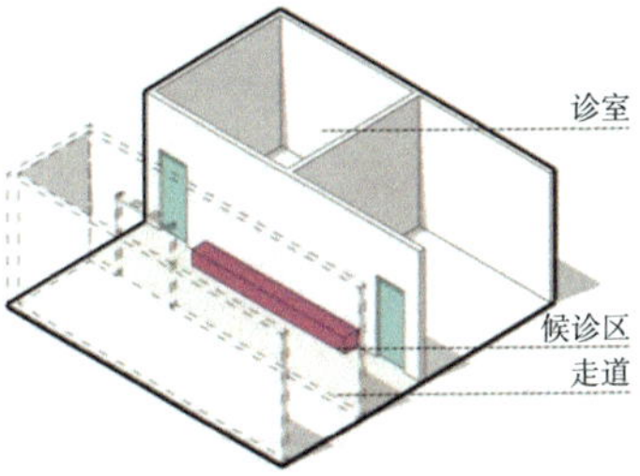

（2）优化候诊空间氛围。

候诊空间为儿童在院停留时间最长的空间之一，故该空间的适儿化建设尤为重要。虽然社区卫生服务中心的候诊时间相对较少，但是仅在面积和座位的数量上满足儿童候诊的生理要求，很难缓解儿童在等待中产生的焦虑与不安的情绪。通过设置相对独立的等候区域，如留观区，结合其他辅助功能与设施设置，采用温馨化或趣味化的主题空间氛围营造可以使候诊空间变得舒适，缓解儿童在等待过程中产生的焦虑等不良情绪。具体的设计策略有：① 增加与室外景观联系，除了进行大面开窗外，在候诊空间位于一楼，或者其他楼层有阳台室外平台的情况下，可建立室外活动/休憩空间与候诊区的便捷联系，并在室外空间布置候诊信息提示设施，便于儿童在室外候诊；② 布置儿童活动设施，在候诊区附近设置一些儿童活动设施如积木、趣味座椅、互动墙面、电视等。③ 创造趣味空间设计，候诊区的趣味空间可以做较多的设计，除了简单的色彩变化外，还可以通过室内抽象的自然景观塑造、彩色趣味的座椅和家具设置、具有儿童躺坐功能的景观壁龛设计，为儿童提供一个放松休憩的场所空间；④ 划分独立候诊区，对大空间进行划分，形成具有一定围合感的候诊空间，可以有效规避场所拥挤和嘈杂现象，营造安静、有趣的空间环境，给儿童和家长候诊带来安全感；⑤ 设置婴儿车停放区，方便推婴儿车的家长带儿童就诊（图 5-35、图 5-36）。

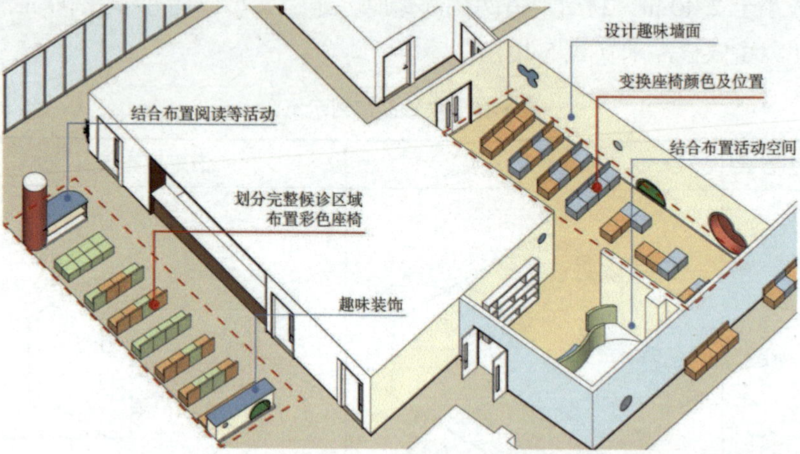

图 5-35　GTXC 社区卫生服务中心候诊区适儿化更新策略应用示意

（a）

（b）

图 5-36　候诊空间意向图

（3）合理选用座椅设施。

在确保合理的候诊座位数量的前提下，可通过多样化的彩色座椅强化空间氛围营造，同时结合多功能座椅设施，以满足休息、亲子互动等多元需求，将候诊空间转化为兼具色彩活力与功能温度的温馨趣味场景（图 5-37）。

(a)

(b)

图 5-37　候诊座椅示意图

4. 塑造富有童趣的儿童活动空间

多样化儿童活动空间的设置，是社区卫生服务中心室内空间环境适儿化建设的一个重要内容，同时也是有别于普通医院空间的重要功能之一。在优化指标体系中，儿童活动空间虽被归类为提升型与魅力型指标，但结合前文分析可知，其是释放儿童玩闹天性的核心载体，因此在各类社区卫生服务中心中均需进行合理设置与适儿化建设。

(1) 组织合理布局。

应在儿童停留时间较长的诊疗区和儿童病房附近设置儿童活动空间，并设置家长休息等候设施。儿童活动中心的组织方式有集中式布置和分散式布置两种（表 5-11）。集中式布置单独划分区域并进行围合，其位置选择应该在候诊区及留观区附近，保证儿童活动空间具有较高的可达性，方便儿童使用。当无法划分整块区域用来设置儿童活动空间时，可以在候诊区或者留观区内分散式布置儿童活动设施或小块活动区域。不同类型的社区卫生服务中心可根据实际情况进行组合布置。

表 5-11　儿童活动空间组织方式

组织方式	集中式	分散式
调研案例	GTXC 社区卫生服务中心	LJ 社区卫生服务中心
策略图	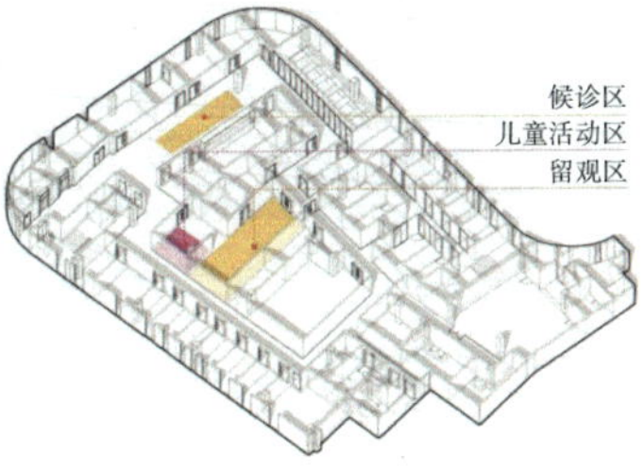	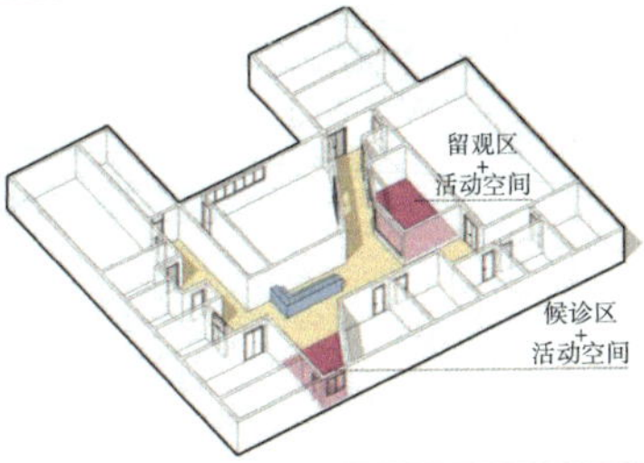

儿童活动空间的位置除需要靠近留观区和候诊区以外，还应优先选择布置在有自然通风采光的场所附近，创造舒适空间环境的同时引入与自然景观的联系，让儿童亲近自然。

（2）营造舒适氛围。

儿童活动空间是践行“一米世界”与“童趣空间”理念的关键载体，应结合多样的适儿化设计策略营造轻松愉悦的空间氛围，构建兼具温馨感、舒适性与趣味性的活动场所。① 在空间色彩设置上，可采用浅色系作为主色调，辅以暖色调点缀，利用亮色小面积装饰品、家具及玩具进行视觉强化；② 可融入自然植物、动物等主题元素，打造沉浸式场景，有效缓解儿童就医焦虑情绪；③ 通过配置儿童趣味玩具、设置读物作品展示区、配备集体娱乐与亲子互动设施，为儿童提供自由社交与活动的载体，增强空间的参与性与互动性；④ 地面铺设应优先采用环保软质地胶或防滑塑胶材料，墙角处采用圆角软包处理，避免磕碰风险；⑤ 注重空间物理环境的优化，通过合理设置开窗面积，确保充足日照与良好自然采光。进而全方位构建兼具安全性、趣味性与教育性的适儿化环境，既满足儿童社交娱乐需求，又能有效缓解就医焦虑，真正实现从物理空间到情感体验的适儿化升级。

（3）保障场地安全。

① 儿童活动空间的场地内墙面及地面都需要选用防滑、软质及降噪材料，保障儿童的活动安全。② 室内活动设施要满足安全性要求，采用绿色、环保、无伤害、可清洁消毒的材料和无棱角家具（图 5-38）。

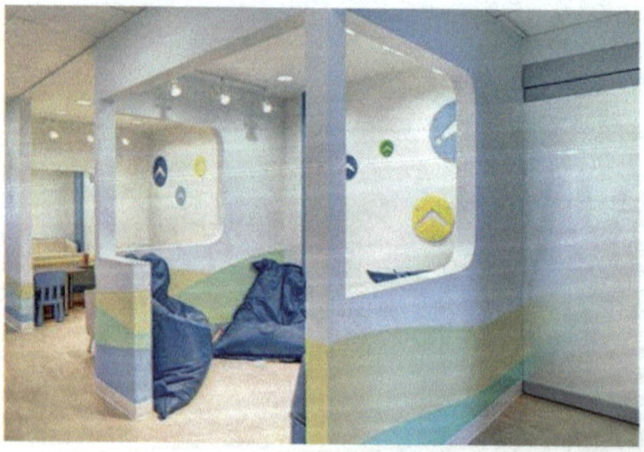

（a）

（b）

图 5-38　儿童活动空间意向图

5. 设置儿童专用卫生间

在儿童友好理念的推广下，在卫生间设置儿童专用卫生设施成为当前卫生设置的重要内容。社区卫生服务中心儿童就诊区附近的卫生间儿童使用频率较高，所以在该卫生间配置儿童专用卫生设施尤为关键。

（1）设置人性化卫生设施。

具备完善的儿童专用卫生设施是儿童友好建设的重要内容，同样也是基础服务设施不可或缺的部分。人性化的设施不仅要具备基础的使用功能，同时更要考虑到儿童生理和心理上的需求①。在卫生设施的选择上，应增加儿童专用卫生设施，如儿童专用小便器/坐便器、高低洗手台等（图 5-39），并且内部卫生设施数量配备应满足就诊儿童与陪护人员的数量需求；应体现无障碍设计理念，设计时应考虑潜在的不安全因素，设施外形上应运用圆润的弧线条②，材质上选择质感温润的材料③；洗手盆宜采用感应自动水龙头，水龙头出水温度宜控制在 35 ℃左右；设置独立的无性别卫生间，并确保提供清晰的标识，以便于儿童和家长识别并使用。

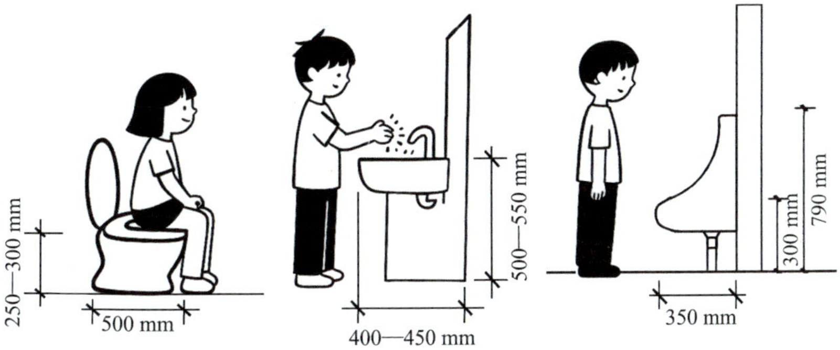

图 5-39　儿童卫生设施尺寸示意图

（2）营造童趣氛围。

在儿童卫生间设计中，可将空间、色彩、功能设施以及创意图案元素

---

① 景瑶，于娜，呼慧敏，等．儿童学习桌功能结构与功能尺寸调查研究［J］．家具，2019，40（3）：105-109.

② 张晶，姚国英，方秉华．2005 年上海市 0~6 岁儿童体格发育调查［J］．临床儿科杂志，2007，25（8）：684-688.

③ 陈可欣，杨琳．针对儿童群体的公共卫生设施设计应用［J］．设计，2020（19）：31-33.

等巧妙融合，打造充满童趣的空间环境。具体包括：① 可结合男女厕所进行差异化的主题色设置，增强空间活力氛围；② 在设施设置上，采用儿童尺度的卫生设施，契合儿童身高特点；③ 在墙面装饰上，融入儿童创意绘画、卡通图案等元素，激发儿童的使用兴趣；④ 在标识系统上，以生动活泼的插画、拟人化的卡通形象，将使用说明、注意事项及指示标识等内容进行趣味化表达，让儿童在轻松愉悦的氛围中养成正确的卫生习惯（图 5-40）。

（a）　　　　（b）

图 5-40　儿童卫生间设施

5.2.3　诊疗与健康服务

1. 提高社区卫生服务中心医生专业技能

社区卫生服务中心应建立系统的培训机制，定期组织医务人员参加专业培训和继续教育课程。这不仅帮助医生掌握最新的医疗技术和知识，还提升其临床决策能力。此外，还应鼓励医务人员参加国内外专业会议和学术交流，拓宽视野并促进知识的更新与传播，从而提高整体医疗服务质量。

如静安寺街道社区卫生服务中心致力于提升儿科服务能力，定期组织全科医生赴上海市儿童医院参与专业培训，确保医护人员掌握前沿的儿科诊疗技能。同时，该社区卫生服务中心将儿童友好原则深刻融入工作文化，通过更新职工手册，强化团队的儿童友好意识，旨在从服务态度到专业实践全方位提升儿童就医体验。

2. 增加健康教育和预防知识的宣传

健康教育是提升社区居民健康素养的重要途径。社区卫生服务中心应定期开展健康讲座和宣传活动，向居民普及基本健康知识和疾病预防意识。通过发放宣传册、张贴海报及社交媒体宣传等多种形式，传播饮食、运动和心理健康等方面的知识，帮助居民形成良好的生活习惯，降低慢性病发生率。

如常熟市谢桥社区卫生服务中心，在爱眼日或者季节性疾病高峰期，通过线上微信推文和视频号的方式，向家长及儿童进行相关医疗知识的宣教。同时，还在中医门诊进行小儿推拿宣传，加强中医药健康知识的推广。

3. 优化就医流程以减少等待时间

优化就医流程是提升患者满意度的关键措施。社区卫生服务中心可采用预约制度，合理安排门诊时间，从而减少患者的等待时间。同时，引入智能化管理系统，通过在线咨询和远程医疗服务，为患者提供便利，使其能够在家中获得及时的医疗支持，提升就医效率。

4. 增强与患者的沟通与关怀

医务人员应重视与患者的沟通，营造友好、充满信任的就医环境。通过主动倾听患者的需求与担忧，医务人员能够更好地理解患者的心理状态，从而提供个性化的医疗服务。此外，详细解释患者的病情及治疗方案，将有助于提高患者的理解与参与感，增强其对医疗服务的信任度。

5. 提供多样化的健康管理服务

为满足不同群体的健康需求，社区卫生服务中心应积极拓展健康管理服务的种类。例如，可以开展针对慢性病患者的管理项目，定期进行健康检查与评估，及时监测病情变化。同时，结合社区特点，提供适合居民需求的健康促进活动，如运动课程、营养咨询和心理健康支持，提升居民整体健康水平。

上海市斜土街道社区卫生服务中心高度重视儿童营养健康服务，将其纳入核心服务功能，全力支持临床营养科室建设。采用线上线下相结合的方式，积极开展营养健康宣教活动，普及儿童营养知识。并且为儿童提供个性化营养评估与指导，制定专属的营养计划和健康饮食建议，助力儿童养成良好饮食习惯，促进其健康成长，为社区儿童营养健康保驾护航。

5.3 结　语

儿童友好医院建设，需充分尊重儿童就诊过程中的行为心理诉求，从“医院室外空间环境的适儿化建设”、“医院室内空间环境的适儿化建设”和“有温度的诊疗与健康服务环境建设”等方面，为儿童就医提供安全、趣味、舒适的物质与人文环境。在对国内外具有代表性的儿童医院案例进行适儿化建设策略比较分析基础上，提出了儿童专科医院和社区卫生服务中心的适儿化设计策略。

第六章

实践探索：苏州市儿童友好医院建设实践

6.1 《苏州市儿童友好医院建设指引（试行）》发布

《苏州市儿童友好医院建设指引（试行）》（以下简称《建设指引》）由苏州市政府妇儿工委办公室委托苏州大学建筑学院编制完成，并于 2021 年 11 月 20 日正式对外发布和推广应用。《建设指引》对苏州市各类型医院的适儿化改造起到标准引领作用。笔者作为负责人组织苏州大学团队参与了《建设指引》制定的全过程。

《建设指引》对医疗机构中有关儿童的室内外空间环境和诊疗与健康服务的适儿化设计提出了具体建设要求（表 6-1）。以室内外空间环境适儿化建设为例，主要要求有：① 交通空间的设计引导，主要遵循安全和便捷原则，在满足机动车、非机动车以及步行基本的通行需求下，需要考虑地面材料的安全性。同时建议优化整体交通体系，以及搭建步行空间的风雨连廊，提升通行品质。其间的标识需清晰醒目，便于儿童和家长识别。② 候诊空间的设计引导，主要遵循舒适和趣味原则，在满足内部的尺度设计符合候诊和通行需求基础上，整体需具有良好的通风采光条件，设计需从“一米世界”进行考虑。③ 就诊空间的设计引导，在满足就诊的基本需求基础上，其内部的空间设计与设施布置应体现出人性化和安全性的需求，同时建议内部进行童趣性图案装饰。④ 活动空间应设置在儿童停留时间较长的诊疗区和病房区附近，并配置家长休息等候设施。活动内容须符合儿童需求，安全有保障，空间设计应营造温馨、舒适、趣味的氛围。(表 6-1)

表 6-1　医院空间环境设计指引方向一览表

<table>
<tr><th>空间位置</th><th>空间类型</th><th>空间要素</th><th>相关指标</th></tr>
<tr><td rowspan="13">室外</td><td rowspan="5">交通空间</td><td>机动车道</td><td>车速、与步行道位置关系</td></tr>
<tr><td>公共交通空间</td><td>距人行入口距离</td></tr>
<tr><td>步行道</td><td>无障碍通行设施、
路面铺装、路面材料</td></tr>
<tr><td>非机动车道</td><td>无障碍通行设施、机动车道限速</td></tr>
<tr><td>标识系统</td><td>分布位置、标识清晰度</td></tr>
<tr><td rowspan="2">休息与等候空间</td><td>休息场地</td><td>场地位置、地面材料</td></tr>
<tr><td>休息座椅</td><td>座椅材料、座椅放置位置</td></tr>
<tr><td rowspan="2">儿童室外活动空间</td><td>活动场地</td><td>场地位置、场地面积</td></tr>
<tr><td>活动设施</td><td>设施材料、设施位置、设施功能</td></tr>
<tr><td>景观绿化</td><td>—</td><td>绿地率指标、绿化位置、绿植种类</td></tr>
<tr><td rowspan="2">建筑立面与形象</td><td>立面</td><td>立面设计、立面色彩</td></tr>
<tr><td>雨棚设施</td><td>—</td></tr>
<tr><td rowspan="11">室内</td><td>公用综合厅廊空间</td><td>—</td><td>装饰主题、界面设计、售卖设施</td></tr>
<tr><td rowspan="3">候诊空间</td><td>场地</td><td>装饰主题、墙面色彩、采光
通风环境、场地面积、地面材料</td></tr>
<tr><td>座椅家具</td><td>家具色彩、家具材料、家具尺度</td></tr>
<tr><td>婴儿车停放区</td><td>—</td></tr>
<tr><td rowspan="4">诊疗空间</td><td>诊室</td><td>家具尺度、空间设计</td></tr>
<tr><td>输液室</td><td>—</td></tr>
<tr><td>医技检查房间</td><td>空间设计</td></tr>
<tr><td>就诊仪器</td><td>检查设备装饰</td></tr>
<tr><td rowspan="3">儿童病房</td><td>病房空间</td><td>采光通风环境、空间设计</td></tr>
<tr><td>病床及家具</td><td>安全性</td></tr>
<tr><td>卫生间</td><td>冷热水系统</td></tr>
</table>

续表

空间位置	空间类型	空间要素	相关指标
室内	儿童活动空间	场所	装饰主题、采光通风环境、安全性
		活动设施	活动形式、设施材料
	景观绿化	—	绿化位置、绿植种类

为保障适儿化设计策略的针对性，《建设指引》结合儿童专科医院、综合医院、社区卫生服务中心等医疗机构中儿童就医环境的总体特征，提出了差异性的适儿化建设要求。以室外交通空间为例（表 6-2），针对交通空间的五类空间构成，提出了 15 项具体的适儿化空间环境设计策略。例如，机动车交通空间设置临时上下客区，对于人流量较大的儿童专科医院以及综合性医院是必要的，这种方式在缓解外部交通压力的同时可以较为明显地改善儿童入院过程体验。步行交通空间无障碍通行设施以及使用防滑地面材料是基础的适儿化要求，在此之上对步行道进行抬高，做到人车分流是对儿童的通行安全性进行的细致考虑。同时还建议在有条件的情况下建立风雨连廊来抵御不良气候条件，如下雨，暴晒等。贯穿于交通空间之中的标识系统，是给儿童提供寻路方向的重要引导。有趣味且清晰的标识在提供明确的方向外，还可以优化儿童在室外行走的视觉感受。

表 6-2　医院室外交通空间设计指引一览表

交通空间构成	具体要素指引	社区卫生服务中心	儿童专科医院	综合医院
机动车交通空间	医院内道路限速 5 km/h，禁止鸣笛，宜实行机动车单向行驶	○	●	●
	合理设置临时上下客区	○	●	●
	条件许可情况下，利用地下空间进行立体化机动车交通组织		○	○
公共交通空间	医院主要人行出入口周边 150 m 范围内设有公共交通站点		●	●
	条件许可的情况下，结合立体交通空间与轨道交通站点出入口相连接		○	○

续表

交通空间构成	具体要素指引	社区卫生服务中心	儿童专科医院	综合医院
步行交通空间	医院内外步行空间环境应满足连续、安全、无障碍通行要求	●	●	●
	步行道靠近机动车道路一侧应做抬高或设置隔离设施	○	●	●
	步行道应尽量避免与机动车道交叉，交汇处宜通过抬高或斜坡形式保证儿童通行畅通，并设立相应的警示标识	○	●	○
	步行道上的树池、井盖、铺装、无障碍设施等进行人性化、趣味化设计		○	
	步行道路应采用防滑地面材料，不宜采用卵石、碎石或凹凸不平地面材料	●	●	●
	进行步行空间的风雨连廊系统建设	○	○	○
非机动车交通空间	医院内外非机动车道路满足连续、安全、无障碍通行要求	●	●	●
	服务就诊儿童家长的非机动车停车区域与医院 主要建筑入口之间具有安全、便捷的步行交通联系	○	○	○
标识系统	设置服务于儿童的各类活动空间、公益空间、公共服务设施以及其他非治疗性服务空间的分布总索引图		○	
	标识清晰醒目，便于儿童和家长识别	○	●	●

注：“●”为应建设的指标，“○”为推荐选择建设指标。

为保障《建设指引》的顺利实施，苏州市政府妇儿工委办公室与苏州市卫生健康委员会在苏州市范围内先后组织“儿童友好城市建设工作骨干培训班”、“妇儿工委业务能力提升暨儿童友好城市建设培训班”和“苏州市儿童友好医院建设专题培训班”等多次专题培训活动，对《建设指引》的具体实施进行专题培训。

6.2 苏州市儿童友好医院建设评价

2023 年底，苏州市卫生健康委员会和苏州市政府妇儿工委办公室牵头组织进行了苏州市儿童友好医院建设评价，以《建设指引》为依据制定了《苏州市儿童友好医院建设评分细则（试行）》，并开展了苏州市首批儿童友好医院申报工作。在《苏州市儿童友好医院建设评分细则（试行）》中，针对儿童专科医院、妇幼保健机构、综合医院、社区卫生服务中心/乡镇卫生院等不同类别医疗卫生机构进行了分类评价，评价指标涉及制度友好、室外空间环境友好、室内空间环境友好、服务友好、特色指标等五个方面，进一步规范引导了不同类别医疗卫生机构的儿童就医环境的适儿化建设工作。

在苏州市首批儿童友好医院建设评选中，经单位自评、各地推荐、专家评审等环节共确定了 24 家医疗卫生机构为首批苏州市儿童友好医院（表 6-3）。

表 6-3　首批苏州市儿童友好医院名单

医院类型	医疗机构名称
儿童专科医院	苏州大学附属儿童医院
	苏州市吴江区儿童医院
妇幼保健机构	张家港市妇幼保健所
	昆山市妇幼保健院
	姑苏区妇幼保健所
综合医院	张家港市第一人民医院
	太仓市第一人民医院
	南京大学医学院附属苏州医院（苏州科技城医院）
	苏州高新区人民医院
	苏州市广济医院
	昆山市康复医院
社区卫生服务中心/乡镇卫生院	张家港市东城社区卫生服务中心
	常熟市常福街道谢桥社区卫生服务中心
	昆山市淀山湖人民医院（昆山市淀山湖镇社区卫生服务中心）
	昆山市震川社区卫生服务中心
	昆山市陆家镇社区卫生服务中心
	昆山市千灯镇社区卫生服务中心
	吴中区胥口镇卫生院
	吴中区城南街道社区卫生服务中心
	吴中区第二人民医院
	相城区北河泾街道社区卫生服务中心
	相城区太平街道社区卫生服务中心
	工业园区星浦医院
	高新区狮山街道社区卫生服务中心

6.3 苏州市儿童友好医院代表性案例

6.3.1 苏州大学附属儿童医院

1. 探索儿童友好新模式

苏州大学附属儿童医院是江苏省卫健委直属的唯一一家儿童专科医院，自 2019 年被选为苏州市儿童友好医院试点以来，不断创新诊疗模式，持续优化儿童就医体验，提升医疗服务质量，探索儿童友好新模式。利用医院、新媒体平台等宣传渠道，普及儿童友好理念，营造了良好的儿童友好氛围；并充分发挥了党建品牌引领作用，推进“童彤”党建品牌建设与儿童友好医院建设的融合；举办“童心童梦”“童心故事会”等儿童主题活动，广泛听取儿童诉求、重视儿童参与，并在制度制定和日常管理中，充分考虑儿童就医权益，优先保障儿童身心健康。以制度友好、空间友好、服务友好等为儿童就医提供了更具人性化和专业化的关怀。

2. 室外空间环境友好

（1）有设计亮点的建筑形象。

苏州大学附属儿童医院（园区）的建筑造型以“细胞分裂”为设计灵感，将生命成长的动态过程抽象为流畅灵动的椭圆形体块的组合，柔和的曲线赋予建筑独特的艺术韵律，打破了传统医疗建筑方正冰冷的固有印象，让医院充满趣味与生机。

在色彩营造上，建筑立面以白灰色为基底，搭配通透的蓝灰色玻璃，形成宁静柔和的视觉基调；出挑的黄色体块与跳跃的红色、黄色线条如点睛之笔，恰似五线谱上跃动的彩色音符，为建筑立面注入活力与节奏感。这种椭圆形体块的有机组合与多元色彩的碰撞，共同构成极具辨识度的建筑形象，不仅强化了儿童医院的专科属性，更使其成为区域地标性建筑——它既是守护儿童健康的医疗场所，也是传递“生命蓬勃生长”理念的人文地标，让每一次就医体验都成为对生命尊重与呵护的具象化诠释（图 6-1）。

注：本节内容以苏州市卫健委妇幼健康处提供的相关材料为基础，结合作者团队实地调研成果撰写而成。

(a) (b)

图 6-1 苏州大学附属儿童医院建筑形象

（2）休憩与活动空间。

儿童活动空间周围种植树木以草坪和低矮的灌木为主，既营造了亲近自然的氛围，又确保了开阔的视野；周围的花池提供了休憩空间，同时便于家长对活动空间中的儿童进行看护。（图 6-2）

图 6-2 苏州大学附属儿童医院室外休憩与活动空间

儿童活动区采用塑胶防摔地面，可以有效避免儿童在玩耍过程中出现磕碰等危险，合理地将安全与舒适相结合。此外，活动区附近贴心地设置了家长休息区，不仅方便成人监护，也为他们提供了休憩的空间，有效促进了家庭成员间的互动，增强了医院作为儿童友好空间的综合体验。

(3) 宜人的景观空间。

医院整体的建筑设计追求绿色环保与温馨舒适，也体现在室外空间环境的设计上。就其绿化景观来说，较大的室外空间使得景观绿化在整体上感觉较为舒适宜人。(图 6-3)

(a)　　(b)

图 6-3　苏州大学附属儿童医院景观绿化

花园与下沉式庭院的巧妙布局，丰富了视觉层次，通过水景的引入与自然声音的营造，如潺潺流水与绿植的清新气息，共同编织了一幅和谐的自然画卷。卡通雕塑等元素的点缀，增添了环境的趣味性，呼应了医院服务对象的特殊性，为儿童创造了一个充满想象与快乐的治愈环境。

3. 室内空间环境友好

(1) 打造童趣空间。

苏州大学附属儿童医院总院的室内多处融入趣味卡通元素，例如在总院门诊大厅，基于儿童对自然元素的普遍偏好，以“蓝天白云”为背景(图 6-4)，护士站以“蘑菇”为设计灵感（图 6-5)，营造出了轻松愉悦的氛围；电梯门框设计成城堡拱门形状，给儿童充分的想象空间。医疗检查室中进行主题性装饰（图 6-6)，让儿童的检查过程，仿佛成了一场穿越海洋或者森林的旅行，减少儿童面对大型器械的恐惧；在候诊空间搭配布置儿童活动区和儿童作品展示区，给儿童提供阅读、娱乐的设施，丰富候诊区的功能；医院二楼的心脏中心（图 6-7)，设计理念提取了整体建筑设计的曲线元素，做到了里外呼应的效果，再用彩色圆形作为点缀，并且在墙面挖洞形成内凹的座椅空间，供儿童探索，整体的色彩以橙色与蓝色为主，营造了趣味的空间氛围。

在细节方面，医院精心设计了色彩醒目且具有童趣元素的空间指示标识，更便于儿童及家长寻路以及空间辨认，同时增加了空间活力，在细节处拉近了医院与患儿之间的距离。

图 6-4　门诊大厅

图 6-5　服务台

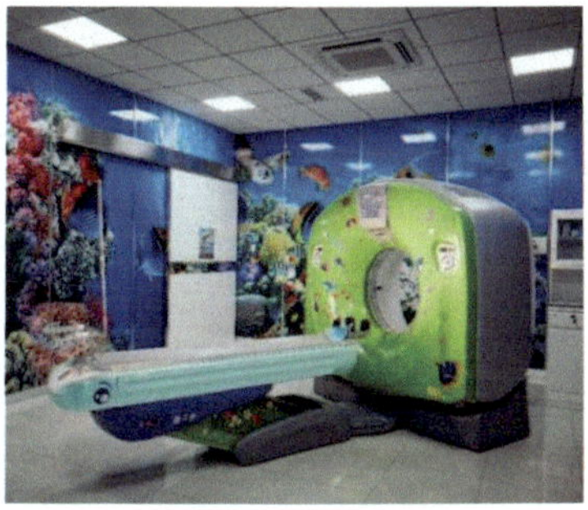

图 6-6　医疗设备

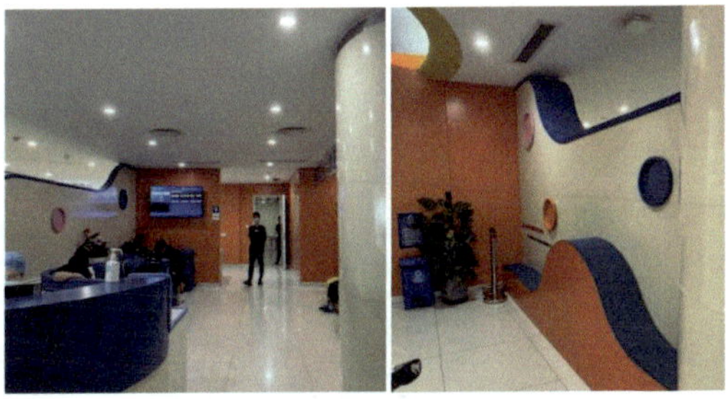

(a)　(b)

图 6-7　心脏中心

(2) 营造儿童的“一米世界”。

医院在进行空间设计时不仅需要考虑趣味性，还要具有人性关怀，营造温馨空间，注重儿童的视角及儿童需求。设计方面，医院通过将卡通标识置于 90—150 cm 的高度，确保其在儿童的视线范围以内。设施方面，在卫生间内设置儿童洗手池和安全扶手等设施，保障儿童的使用安全。

在走廊空间设置了“儿童画展示墙”，生动呈现了爱心志愿者的卡通主题画与患儿及社会爱心儿童的画作，让入院就诊儿童可以产生更多的亲近感，从而减轻其在医院的恐惧和紧张情绪。

4. 提供丰富的线上线下医疗服务

（1）科普宣传。

苏州大学附属儿童医院总院在提升儿童健康服务方面展现出显著的创新，通过强化儿童参与和需求倾听，构建了儿童友好医疗体系。医院优化了诊疗流程，确保服务质效的提升，还积极利用医院资源及新媒体平台，广泛传播儿童友好理念。教育与科普活动成为其核心策略，涵盖从“小丁青年志愿者营”到专科疾病指导，以及校园讲座、健康宣传栏、电子媒体内容发布等多元形式。据统计，2023 年，医院通过微信公众号（拥有 112 万订阅用户）发布健康科普文章 200 篇，累计阅读量达 60 万，同时与地方广电合作，通过多档健康节目进行了 32 次专业讲座，直播互动更是吸引了 972 万人次的参与。结合重要健康纪念日的线上线下活动，有效提升了公众健康意识，特别是在罕见病、听力保护、睡眠健康、视力维护及癫痫关爱等领域。

（2）人性化诊疗。

针对儿童健康，医院深度融合中医特色，开设 13 个专病门诊，覆盖肺炎、哮喘等多种疾病。推广中药贴敷、推拿等技术，强调儿童的个性化调护。通过“治未病”策略，如三伏贴、三九贴，有效预防和治疗疾病，受到广泛好评，发扬了中医在儿童医疗保健中的独特优势。

为缓解儿童在门诊候诊时的焦虑情绪，特定门诊实施了周一、周三“你的游戏医疗”计划。根据患儿的年龄特点精心挑选游戏活动，并巧妙融入基础医疗元素，旨在通过游戏互动减轻儿童对医疗环境的恐惧感。这一创新实践不仅丰富了候诊体验，使原本单调的等待时间转化为寓教于乐的过程，还显著提升了患儿及家属的满意度，展示了游戏在改善儿童医疗体验中的积极作用。

（3）公益服务。

苏州大学附属儿童医院的“医路童行”志愿服务项目秉承志愿精神，针对患儿及家属的医疗需求，通过优化门诊服务流程并组织专业志愿者团队，有效改善就医体验，增强医患互动的正面性。项目特别强调基层服务，党员医生的参与增强了其社会影响力。“小丁青年志愿者营”通过节日和健康主题日活动，提供专业咨询，至今已大规模提升公众健康知识。(图 6-8)

(a)　　　　(b)

图 6-8　公益服务活动照

6.3.2　太仓市第一人民医院

1. 打造医院品牌文化

太仓市第一人民医院针对儿童对医疗环境的高敏感性及普遍存在的就医恐惧心理，以视觉传达设计创新为突破口，系统构建儿科专属品牌文化体系。将专属 logo 与品牌元素深度融入门诊大厅、病房走廊等诊疗空间，通过色彩搭配、卡通造型、趣味图案的有机组合，营造出兼具温馨感与趣味性的就医环境，切实提升医疗服务的人性化温度，充分彰显设计创新在优化儿童医疗体验中的重要价值。

在具体实践中，医院推出原创卡通形象“佑佑”作为儿科品牌的核心载体（图 6-9）。这一卡通形象不仅是视觉标识，更成为贯穿全场景的情感纽带：从病房墙面彩绘到导诊指示系统，从健康宣教手册到医护人员胸牌，“佑佑”以活泼灵动的姿态深度渗透儿科空间。通过“佑佑”拟人化

图 6-9　吉祥物“佑佑”卡通形象

的互动设计，医院成功打破传统医疗空间的冰冷感，将安抚、陪伴与欢乐元素融入诊疗全过程，有效缓解了儿童对医院的恐惧心理，重塑医患互动的情感连接，为儿童友好医院建设提供了极具创意的实践范例。

在太仓市第一人民医院，吉祥物“佑佑”的身影无处不在，其可爱的雕塑成为热门合影点，深受儿童喜爱。医院巧妙利用“佑佑”这一IP，开发了一系列创意文具和生活用品，如书包、笔和抱枕等（图6-10），不仅实用且充满乐趣。尤其是在“六一”和一些传统节日时（图6-11），这些文创产品与精心布置的节日装饰相得益彰，营造温馨氛围。通过组织节日活动，医院不仅增强了与患儿的互动，还会在活动后赠送特制的祝福海报和文创礼品，这一系列举措深刻体现了医院对儿童的深切关怀，让就医体验充满温暖和乐趣。

图 6-10　吉祥物“佑佑”文创产品

图 6-11　吉祥物端午节海报

图 6-12　元宵节活动

在元宵节的时候，医院会举办亲子灯笼绘制活动（图6-12），让儿童在医院环境中体验传统文化，动手创作不仅减少了儿童对医院的恐惧，也加深了对传统节日的认识，一举多得，有效促进了儿童的全面发展和文化传承。

太仓市第一人民医院不仅创意性地设计了儿科专属品牌形象，还将品牌形象深刻地融入医院空间环境以及医疗服务的方方面面，向儿童展示了浓浓的人文关怀，体现了以儿童为中心的重要原则。

2. 空间环境中随处可见的友好设计

（1）儿科门诊区。

太仓市第一人民医院儿科门诊为独立区域，大厅空间环境配色采用低饱和度的色彩，在色彩上营造出了温馨亲切的医疗环境。局部点缀彩色顺滑的线条与圆形图案，以及医院 ip“佑佑”的各种形象，以减轻儿童对医院环境的陌生和恐惧感（图 6-13）。

例如，在导医台附近摆放了“佑佑”向儿童招手的医生卡通形象，像儿童的小伙伴一样陪伴在儿科门诊，可以快速拉近与儿童之间的距离，可爱又热情的形象将空间装点得更加活泼有趣。

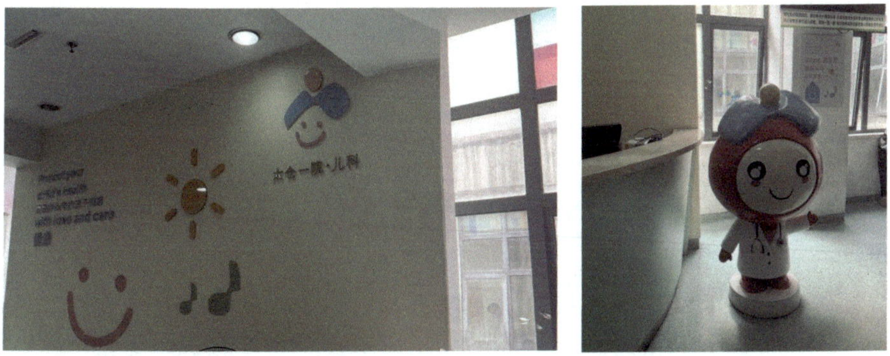

（a）　　　　　　　　　　　　（b）

图 6-13　门诊区服务台

整个门诊区的指示标识较为清晰，在出入口明确地将诊室导览图、医院导览图、母婴室导视图、就医流程图等进行标识。如图 6-14 所示，导视牌进行了儿童友好设计，整体色彩采用蓝色和绿色，版面较大，且对各方面都做了准确指引，方便儿童和家长辨识以及寻路，节约就诊时间。

儿科诊区旁设有母婴室，里面配有尿布台、冰箱、洗手池等消毒物品。门诊区内还设有自动售卖机，以及专设的婴儿车停放区。这些设施都在细节上体现了医院对儿童呵护，便利了儿童和家长的就诊。

儿科门诊区独立设置了儿童输液区，如图 6-15 所示，设置了青蛙形象的沙发，沙发上还配有电子屏幕，可以播放视频，深得儿童喜爱。

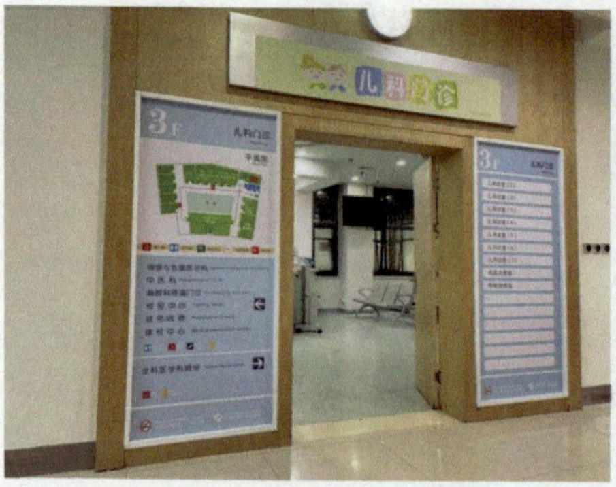

图 6-14　导视系统

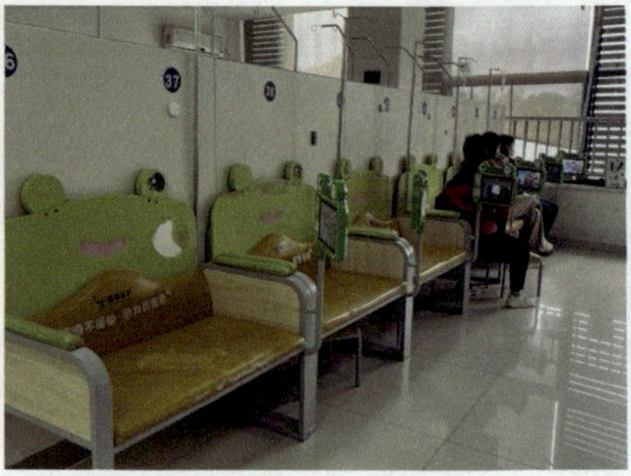

图 6-15　儿童输液室

（2）候诊区。

候诊区的空间环境兼具舒适性与趣味性。医院充分利用了候诊区的走道空间，将座位靠窗一侧布置，形成“线性”候诊区，并且设计了弧形吊顶，增加了空间层次感，地面采用防滑防撞的材料，装饰有蓝色图案，这些趣味性设计削弱了较长的走道空间带来的单调感（图 6-16）。候诊区的窗户装饰了创意镭射膜（图 6-17），其几何造型随日光变化投射出多彩光斑，将自然光影的魔力带入室内，为孩子们营造出趣味横生的等候时光，提升了就医过程的体验感。

空间较大的“块状”候诊区（图 6-18）中，布置了更多的金属候诊座椅，同时墙面上也绘制了大面积的多彩图案，有长颈鹿、大树、小鸟等，充满生机，坐在这里仿佛置身于绿色丛林中。

图 6-16　“线性”候诊区

图 6-17　玻璃镭射膜装饰

图 6-18　“块状”候诊区

候诊区内精心设计了互动区域，如图 6-19、图 6-20 所示，包括益智玩具区、身高测量墙、世界动物地图墙和长颈鹿生长发育对照墙，互动区域整体色彩柔和，以浅蓝和浅粉为主，与儿科环境和谐统一。这些互动区域不仅给儿童提供了量身高、涂鸦的趣味空间，还能让他们在家长陪伴下参与益智游戏，确保孩子们在等待期间享受快乐、寓教于乐的时光。

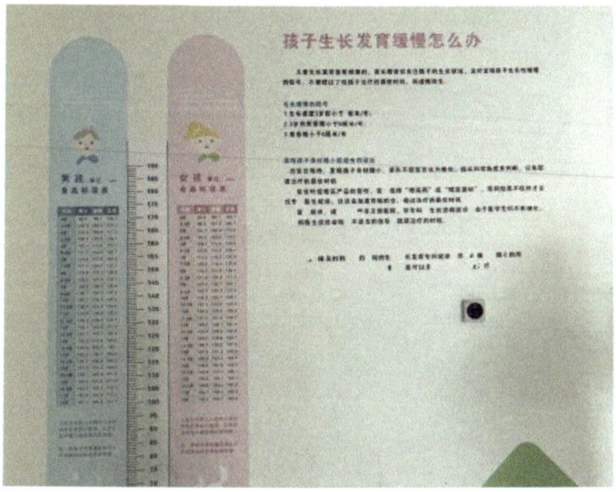

图 6-19　身高测量墙

图 6-20　趣味地图墙

在儿童友好设计方面，医院除了注重趣味性，还在安全性等多方面下足功夫。在相应区域铺设防滑防撞的地面材料，为儿童活动与通行提供了坚实的安全保障。在可能存在危险的地方设置卡通图案的警示标识，以避免危险发生。同时，候诊区墙面设有科普宣传栏，让家长和儿童在等待中能够了解医疗小知识，增强医疗安全意识。

（3）儿科病房区。

病房区门口结合流线型、敞开式对淡绿色服务台，营造出温馨舒适的第一空间印象。走廊空间利用蓝色的病房门、彩色的墙绘以及浅黄色的地面（图 6-21），构建了具有色彩淡雅、充满温度的公共空间环境（图 6-22）。每间病房都装配绘有“佑佑”形象的定制窗帘（图 6-23），窗户上贴有色彩丰富的镭射膜（图 6-24），地面则全部采用防滑地贴，在赋予空间童趣氛围的同时，充分保障儿童活动安全。

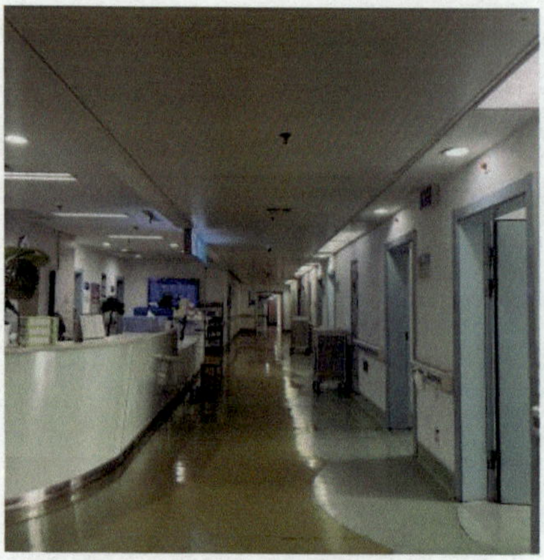

图 6-21　病房走廊

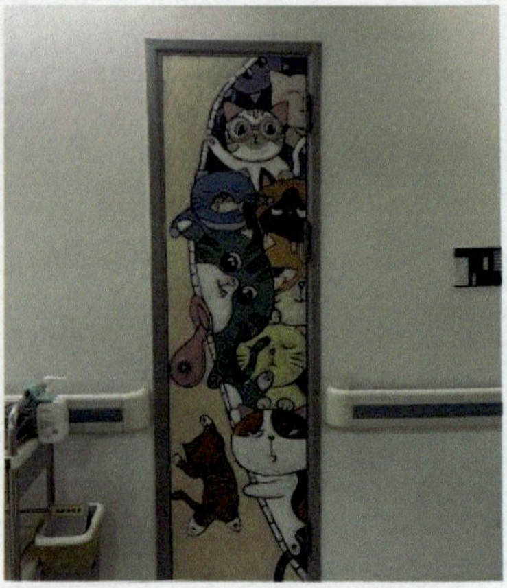

图 6-22　走廊墙面涂鸦

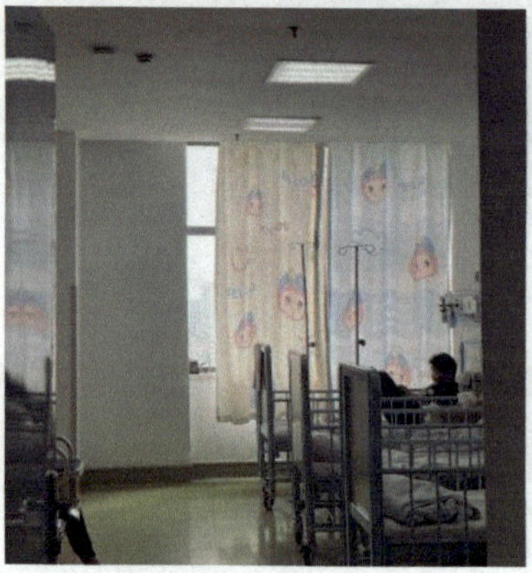

图 6-23　病房环境

图 6-24　病房窗户

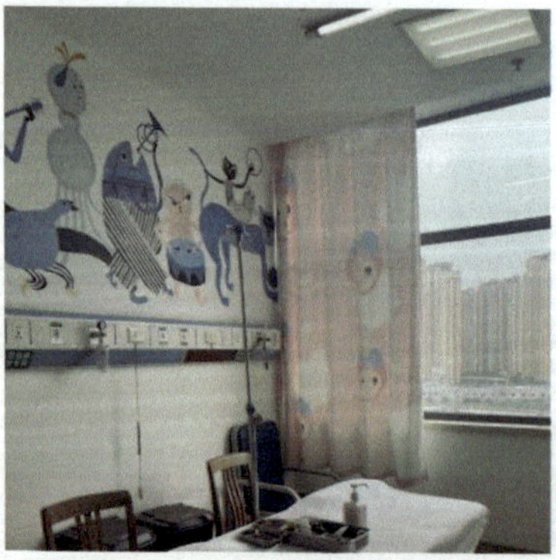

图 6-25　儿科注射室墙面

病房区域的注射室中（图 6-25），墙面绘制有以蓝色为主色调的抽象动物的形象，将原本单调冰冷的治疗空间营造得较有活力，能够帮助儿童患者减少对治疗的抵触和恐惧等不良情绪。

在病房区还设置了独立的儿童活动室（图 6-26），整个空间以简洁的白色为主色调，家具以浅黄色为主色调，墙面上摆放了儿童的绘画作品等装饰物，白色的吊顶上点缀了绿色的圆形图案，里面还摆放了吉祥物“佑佑”的卡通形象，整个空间营造得舒适又有活力。

儿童活动室精心打造，配备了专为儿童设计的桌椅，适宜的尺寸确保儿童在进行绘画和手工创作时能更加舒适（图 6-27）。图书与游戏区域汇集了丰富的儿童绘本、科普书籍及各类玩具，从桌游到棋类，应有尽有，旨在满足各个年龄段儿童的好奇心与学习需求。同时，活动室贴心设置了家长休息区，以舒适的环境让成人监护人在陪伴孩子的同时也能够得以放松，共同营造一个愉悦和谐的学习娱乐空间。

图 6-26　病房区儿童活动空间

图 6-27　儿童活动室

活动室组织了志愿者团队，为家长提供放心的儿童托管服务，确保儿童在安全的环境中探索与学习。此外，医院定期邀请专家老师，开展包括创意美术、绘本故事会、机器人制作和舞台剧表演在内的多样化活动，旨在让住院的儿童在治疗之余，依然能够享受快乐，拥有丰富的住院体验。

3. 全面的诊疗与健康服务

（1）科普宣教。

太仓市第一人民医院儿科致力于公众健康教育，通过创建“娄医小课堂”新媒体视频号，定期发布专业育儿及医学科普内容，涵盖母乳喂养等重要话题。此外，医院积极组织线下活动，如在门诊、病区举办科普讲座，利用疾病纪念日进行义诊和宣传教育，并主动进入学校、社区和青少年中心，普及医学知识。科普宣传融入医院日常，利用电梯、大屏幕和候诊区的电子显示屏，以视频和图片展示健康信息。医务社工部还提供志愿服务，包括家庭育儿技能指导和亲子互动游戏，全面支持儿童及其家庭的健康需求。

（2）坚持公益服务，保障儿童健康。

在诸如世界哮喘日、爱牙日、罕见病日及儿童节等重要节点，太仓市第一人民医院儿科积极履行社会责任，组织专家团队提供义诊（图6-28），并通过线上线下讲座普及儿童健康知识，致力于提升公众健康意识。

此外，医院儿科医生编写的医学科普书籍广泛传播，不仅在各大网络平台和实体书店上架，还捐赠至学校、偏远山区、社区及儿童福利院，确保偏远山区也能获取宝贵的健康教育资料（图6-29）。每年儿童节前夕，医院团队会深入福利院和学校，为儿童进行体检和义诊，确保儿童的健康得到及时关注。同时，医务社工部通过陪伴服务、书籍讲解等多种形式的活动，为患病儿童及其家庭提供全面的身心支持，展现了对儿童健康成长的深切关怀。

图6-28 “六一”义诊

图6-29 赠书进山区

6.3.3 苏州市姑苏区妇幼保健所

1. 政策友好

苏州市姑苏区妇幼保健所成立于2013年，坐落于苏州古城区西南，紧邻盘门景区，环境宜人。作为姑苏区民政和卫生健康局直属的公共卫生机构，该妇幼保健所秉持“关爱妇幼　关注健康”的服务理念，确保医疗环境符合儿童需求，强化儿童安全与福祉。近年来，该所扩展为包括儿童心理行为发育指导、托育服务及苏州市儿童早期发展基地在内的多功能中心。实施如“母婴阳光工程”等母婴友好政策，并开展儿童先心病与孤独症筛查等健康项目，致力于全面促进儿童身心健康。

姑苏区妇幼保健所在儿童友好医院建设过程中，致力于构建全面的儿童身心健康服务体系，通过明确机构职能、组建专项领导小组及实施三级管理架构，有效整合市级医疗资源，并强化区级协调的作用，确保服务覆盖基层。在日常运营中，坚持以儿童为中心，提高了儿童参与度，在组织活动，课程设计，诊疗服务等多方面积极贯彻儿童友好理念，营造出了一个全方位支持儿童成长的环境。

2. 室外空间友好

（1）建筑形象。

姑苏区妇幼保健所原本的立面主要以灰色与白色相搭配，显得较为淡雅，但是由于建设时间较久的原因，墙面出现了一些开裂、老旧现象且墙面开始出现污渍（图 6-30）。在这样的现状以及儿童友好理念的推动下，妇幼保健所对部分墙面实施了适儿化的更新措施。采用增加一层外保护墙面的做法，利用黄色的竖向线条，以及结合传统苏式民居的屋顶线条，将立面装点得焕然一新（图 6-31），既保护了原有墙面，又增加了外立面的洁净与美感。

图 6-30　医院立面改造前

图 6-31　医院立面改造后

（2）休憩空间与景观环境。

在姑苏区妇幼保健所一楼的中庭处，设计了一处约 200 平方米的园林式休息活动区（图 6-32），古色古香，充分体现了苏州古城的特点。休息活动区内假石与草木搭配错落有致，具有较高的观赏价值，在庭院的内部还布置了桌椅供患者休憩，让其感受到惬意与舒适。儿童室外休憩空间的布置，虽未大量采用趣味化设计元素，却以简洁温馨的风格营造出了静谧闲适的儿童友好氛围，为儿童提供了亲近自然的休憩场所，塑造了自然疗愈的情感体验。

(a)

(b)

图 6-32　室外庭院休憩空间

3. 室内空间友好

(1) 公共空间与设施。

姑苏区妇幼保健所在空间设计上遵从“一米世界”原则。一楼以绿色为基调。绿色是大自然的生命色，给予充满活力的色彩冲击，符合儿童活泼可爱的天性，各诊室的墙面上也装饰有儿童喜爱的动物卡通图案。二楼以蓝色为基调，蓝色是大海的神秘色，给予神秘探索的沉静思考，激发儿童的创造思维，各诊室配有海底动植物图案，营造了温馨舒适的就诊环境。

如图 6-33 所示，医院大厅的服务台周边的空间，绿色的候诊沙发搭配草坪等墙面彩绘，给人一种活泼、洁净与舒适的感觉，并且明亮的灯光也让儿童和家长可以更清晰地看到指示标识。

图 6-33 医院服务台

如图 6-34 所示，走道较为宽敞，两边布置了一些候诊座椅，并且在墙面上设有童趣化健康宣传栏，还在附近的固定位置设有婴儿车停放处。候诊区域的家具、指示牌与诊室标牌等均采用绿色系搭配，营造了亲近自然的空间环境，有助于舒缓儿童候诊期间的情绪，提升儿童就医体验（图 6-35）。

图 6-34 医院走道

图 6-35 绿色家具

儿童诊室通风采光较好，墙面装饰有手工毛毡画。除此以外，桌椅等也进行了色彩搭配，图 6-36 中的桌子以蓝色与白色搭配，显得十分活泼。

图 6-36　儿童诊室

(2) 儿童活动空间。

在医院内部还设置了独立的儿童活动中心（图 6-37），地面上与墙面都布置了防撞防滑的软质材料，以保障儿童的活动安全。空间色彩较为显眼，以红、黄、蓝、绿为主，相互搭配，深受儿童喜欢，并根据不同年龄段儿童的需求配置不同活动器材。

图 6-37　儿童活动中心

(3) 室内绿化盆栽。

医院注重绿化的建设，选取适宜的室内盆栽增添绿化。在大厅、候诊区、楼梯电梯附近放置景观盆栽（图6-38），透过玻璃窗幕墙，与室外的绿化景观相互交融，美化了室内空间，也给儿童与家长的就诊增添了一份舒适。

（a）　　　　（b）

图6-38　室内绿化盆栽

（4）儿童专用卫生间与其他。

在儿童专用设施方面，医院打造了亲子公共卫生间（图6-39），卫生间整体墙面橙色和白色相间，营造了舒适整洁的温馨感。在其他细节方面进行了趣味化的设计，如使用绿色的卡通隔板，代替传统矩形隔墙，使空间充满童趣，同时色彩又十分协调。内部设施方面，设置了儿童洗手台，儿童卫生设施、母婴室（图6-40）等。

图6-39　亲子公共卫生间

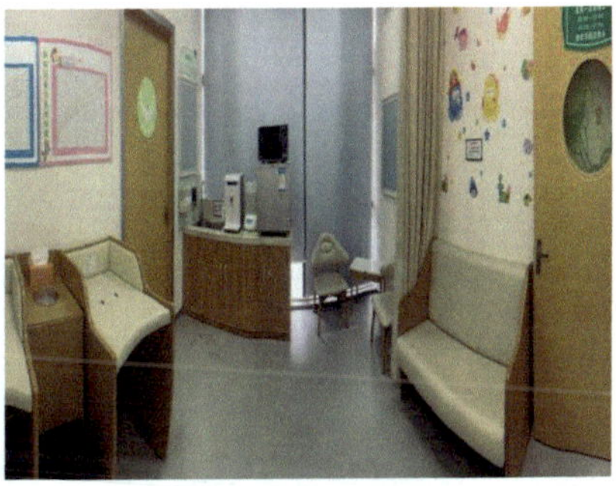

图6-40　母婴室

4. 服务友好

医院门诊秉承儿童健康安全至上原则，专注于提供包括健康体检、喂养指导、视力与心理发育筛查在内的一系列专业服务（图6-41、图6-42），针对不同儿童的特定需求给予个性化指导。强化对高危及体弱儿的系统追踪，确保持续关怀。同时，医院致力于成为妇幼保健的典范，通过党建引领，促进党建与业务的深度融合，将科学育儿知识和优质医疗服务深入社区与家庭，真正实现服务的普及与贴心。(图 6-43)

图 6-41　科普宣传活动图

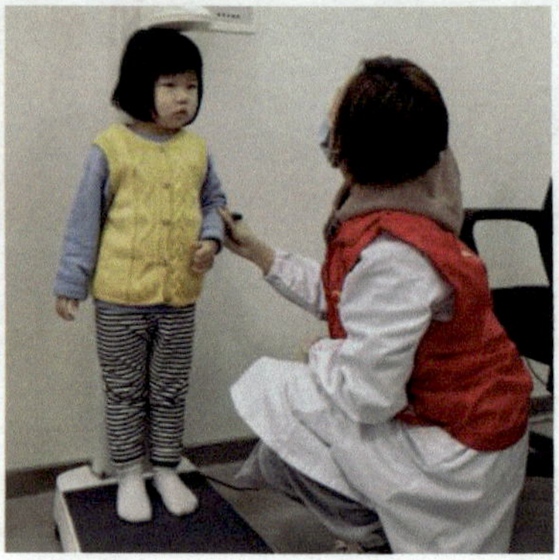

图 6-42　门诊志愿者服务图

近年来，儿童心理健康发展受到高度重视。为响应国家与地方政策，姑苏区妇幼保健所作为先行者，专注于 0—6 岁儿童心理健康，实施孤独症筛查干预试点项目，构建了从初步筛查到专业康复的全面管理体系，确保服务连贯高效。持续开展“母婴阳光”工程达 10 余年，为辖区服务对象提供优质便捷的健康服务，以创新设计婴幼儿活动课程，开展“萌宝成长季”等系列课程，并强调以家庭为中心的育儿策略模式，进行科学育儿知识、技能和理念的普及，营造了科学育儿社会氛围，有效保障了儿童健康成长。

图 6-43　服务友好墙

6.3.4 昆山市千灯镇社区卫生服务中心

1. 加强儿童友好的组织管理

千灯镇社区卫生服务中心在推进儿童友好医院建设过程中，以强化儿童友好的组织管理建设为保障，推进了儿童友好的制度完善、环境优化、服务升级。在顶层设计层面，坚持以儿童为本，积极倡导儿童友好的文明理念，传播儿童健康保健相关信息，营造儿童友好的医疗环境，保障更加优质高效的服务；在组织管理上，成立专项领导小组统筹全局工作，同时以各职能科室为基础组建专业工作小组，细化责任分工，并制定系统规范的工作制度，从组织架构和制度层面为建设工作提供坚实保障；在就医服务方面，通过设立儿童专属就诊通道与服务窗口、采用线上平台预约制诊疗、提供导医/助医/陪护志愿服务等精细化服务，提升服务质量。

2. 极力打造儿童友好环境

（1）室外交通组织。

车行方面，千灯镇社区卫生服务中心位于居民小区的内部，小区内地面停车，机动车通行较为复杂，所以社区卫生服务中心在场地内设有机动车即走即停的临时上下客区域，便于车辆快速上下客，较好组织内部交通、保障交通安全。

步行方面，室外设有专属儿童就诊通道，空间指引标识设置较为清晰，在通道入口处、楼梯台阶、预防接种区、儿童保健区均有彩色提醒地标、卡通指引牌标识，便于儿童与家长寻路。

（2）室内就诊空间。

千灯镇社区卫生服务中心儿童就诊空间整体装饰和谐且活泼，空间主色调为湖蓝色与白色，再点缀黄色、绿色、红色等，地面与墙面采用防撞的软质材料，并在楼梯出入口设置婴儿车停放处（图 6-44）。

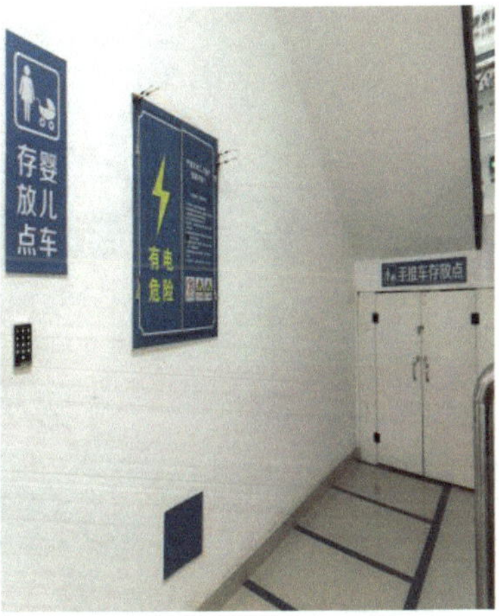

图 6-44 婴儿车集中停放处

诊室的桌椅无棱角，保障儿童的就诊安全。内部具有良好的通风采光，使用彩绘营造了符合儿童主题的环境，满足儿童温馨、舒适的就诊需求（图 6-45）。

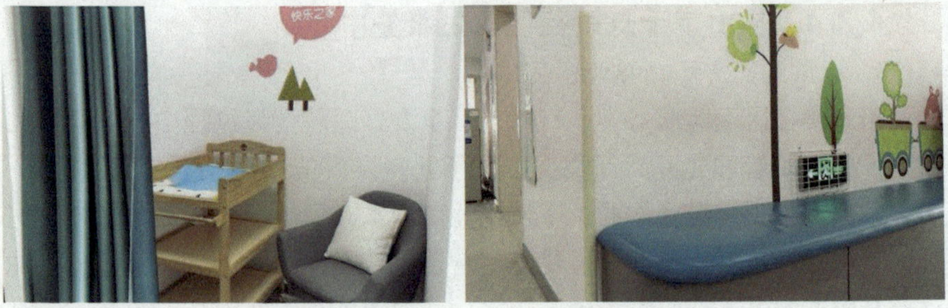

（a）　　　　（b）

图 6-45　就诊空间

（3）室内候诊与留观空间。

候诊与留观空间作为儿童就医过程中的重要停留区域，其环境设计对缓解患儿紧张情绪、提升就医体验具有关键作用，可通过融入卡通友好元素，构建出温馨舒适的空间环境。以儿童保健候诊空间（图 6-46）为例，顶棚采用蓝白相间的云朵与圆形图案装饰，配合柔和的灯光效果，塑造出充满童趣的梦幻氛围；墙面错落有致地布置彩色色块，选用软质防撞材料，在增添空间趣味性的同时，全方位保障儿童活动安全。弧形可组装的软质候诊座椅，既能灵活适应不同人流规模下的座位布局需求，又能为儿童与家长提供舒适的休憩体验。此外，候诊空间还设置了儿童医疗指示宣传栏，以图文并茂的形式帮助家长和儿童学习健康知识（图 6-47）。

图 6-46　儿童保健候诊空间

相较于候诊空间，留观空间（图6-48）则通过玻璃门隔断形成相对独立的区域，门上绘制的大树卡通图案清新活泼，与候诊区的整体风格相呼应又独具特色。地面铺设黄色软质材料，为空间注入温暖基调；墙面的色彩与图案装饰与玻璃门图案相互映衬，营造出和谐统一的视觉效果。同时，留观空间内配备电视等娱乐设施，缓解留观期间的焦虑情绪，让医疗观察过程更具人文关怀。这些设计细节充分体现了儿童友好医院在空间营造上，对儿童生理与心理需求的双重关注。

图6-47　预防接种候诊空间

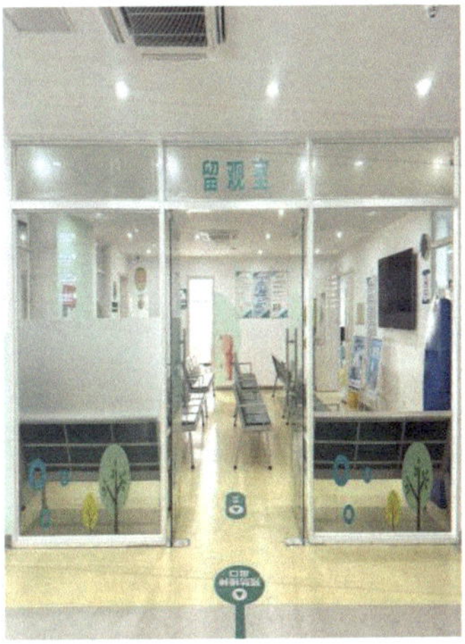

图6-48　留观空间

（4）儿童活动空间。

千灯镇社区卫生服务中心在儿童候诊区附近设置了儿童活动区（图6-49），内部有亲子阅读书架、健康教育宣传栏、趣味玩具等设施，可以满足不同儿童的活动需求。并且在儿童活动区内放置了软质座椅，供家长在看护儿童时能较为舒适地休憩。

儿童活动空间的设计充满了生机与乐趣，地面巧妙地采用了蓝色与红色的软垫拼接，既安全又富有视觉冲击力。墙面以柔和的浅蓝色为基底，点缀以生动的卡通图案，营造出梦幻般的场景。玻璃幕墙巧妙地设计了蓝、绿、黄三色交错的竖条装饰，其间巧妙融入树叶形状，不仅增添了自然元素，还确保了儿童的安全，避免其直接接触窗户。空间内部更是充满了各式卡通玩偶，这些装饰深深吸引着儿童，让整个区域成为充满童趣的儿童乐园。

(a)

(b)

图 6-49　儿童活动空间

（5）指示标识与其他。

千灯镇社区卫生服务中心的室内设计巧妙融合自然灵感，通过植物、动物图案等元素，营造了一个既教育又愉悦的环境。就诊区域的标识系统特别注重儿童视角（图 6-50），采用大字体与生动的童趣图形，地面标识清晰且色彩鲜明，以蓝色为主色调，既美观又实用，确保家庭能轻松导航。为了增强空间的亲和力与安全性，室内点缀以适量的景观盆栽（图 6-51），盆栽高度精心设计，既美化环境又避免对儿童造成意外伤害。此外，在门诊区域附近配置了母乳哺育室（图 6-52），这一细致入微的设施进一步提升了对儿童及家长的关怀与便利性。

图 6-50　地面指示标识

图 6-51　景观盆栽

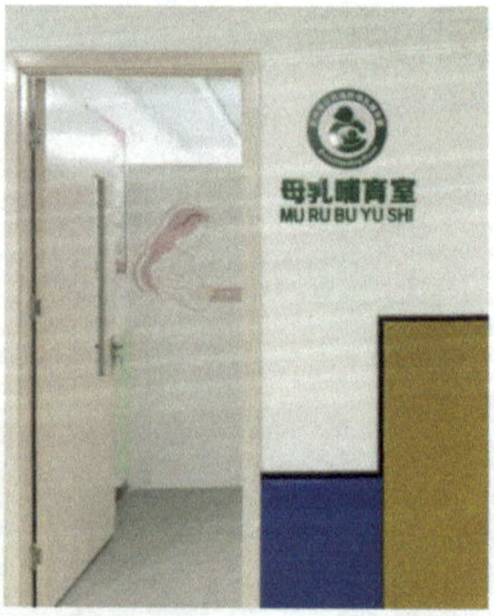

图 6-52　母乳哺育室

4. 积极推动儿童友好特色工作

千灯镇社区卫生服务中心致力于儿童保健的教育推广，通过精准的科学育儿指导强化健康教育。针对不同成长阶段的儿童，在体检后提供定制化的宣教服务，不仅向家长发放详细的指导资料，还利用多样化的传播渠道，如妈妈课堂、在线云课堂、微信公众号及视频号，巧妙结合健康节日和季节变化，开展丰富多样的科普活动。中心还创新性地制作了科普宣教视频，确保家长能获取实用、易懂的儿童疾病预防与健康管理知识，全方位促进儿童健康成长。该中心还积极参与各级科普宣传视频大赛，近年来屡获佳绩，充分彰显了在儿童健康科普领域的创新能力与社会服务价值。2020 年与 2021 年获得国家卫健委人口发展中心举办的健康家庭促进计划“一分钟护一生”健康教育活动入围奖；2023 年获得全国儿童保健科普视频“育儿微课堂带你了解婴儿操”视频类优秀奖；另外，还获得昆山市优秀科普视频奖多项。

千灯镇社区卫生服务中心为规范做好 0—6 儿童孤独症及心理行为发育的早期筛查与干预工作，开设了儿童心理行为发育、孤独症筛查专科门诊，对儿童进行细致的孤独症及心理行为评估，对发现的可疑或异常情况迅速响应并纳入系统管理。在 2023 年度，共完成 8 410 例儿童的筛查工作，识别出 346 例存在发育可疑异常的儿童，并确诊了 3 例孤独症儿童。依托“早发现-早评估-早干预”的医疗服务闭环，对影响儿童心理行为发育的不利因素进行及时干预，确保每个孩子都能得到适时的支持，促进其全面健康发展（图 6-53、图 6-54）。

图 6-53　医师队伍建设

图 6-54　心理关爱服务

6.3.5 苏州市吴中区胥口镇卫生院

胥口镇卫生院是入选苏州儿童友好医院的乡镇卫生院，是集医疗急救、公共卫生、预防保健和社区康复为一体的综合性一级甲等医院，其科室设置与流程布局按照二级医院标准建设，服务范围覆盖6个行政村及2个社区居委会。结合儿童友好医院建设规划，胥口镇卫生院对儿科综合诊疗区、病房区域以及儿童卫生间进行了针对性的适儿化建设，并结合多样化、友好医疗服务和中医特色诊疗，为儿童提供了较高品质的医疗服务。

1. 儿童诊疗区趣味化空间装饰

胥口镇卫生院在儿童友好空间环境的更新方面，重点做好了儿童综合诊疗区的改造和病区儿童公共卫生间的改造。

(1) 综合诊疗区。

儿科综合诊疗区装修风格明亮，浅色暖色搭配，以儿童喜欢的卡通、动物、植物等元素为装饰。目前儿童诊室共有3间，分别为儿童专家门诊诊室、儿童普通门诊诊室、中医儿科门诊诊室。拥有独立候诊区、儿童活动室、儿童卫生间和母婴室。

如图6-55所示，儿童综合诊疗区以浅蓝色为主色调，给人舒适安心的感受，在走道等公共厅廊的墙面上设计了丰富的卡通图案，以营造出充满趣味性的空间环境，墙面上的图案设计是连续且与整体相协调的，没有格格不入的装饰元素。如在综合诊疗区的门口设计了彩虹和云朵的形象标识，能够让前来就诊的儿童和家长快速辨识相关的就诊区域。

诊室附近的走道较为宽敞，候诊空间结合走道呈“线性”布置，以黑色的皮质坐垫结合金属框架的座椅为主，摆放整齐有序。此外还布置了卡通动物形象座椅供儿童进行选择，空间氛围富有童趣。

(a) (b) (c)

图6-55 儿童综合诊疗区公共厅廊空间

候诊空间所处的走廊处没有窗户，儿童在空间内部会产生乏味等情绪，为此胥口镇卫生院选择在候诊座椅的地面附近布置绿植盆栽，弥补无法看到窗外景色的缺陷，搭配明亮的灯光，营造了较为温馨的空间环境（图 6-56、图 6-57）。

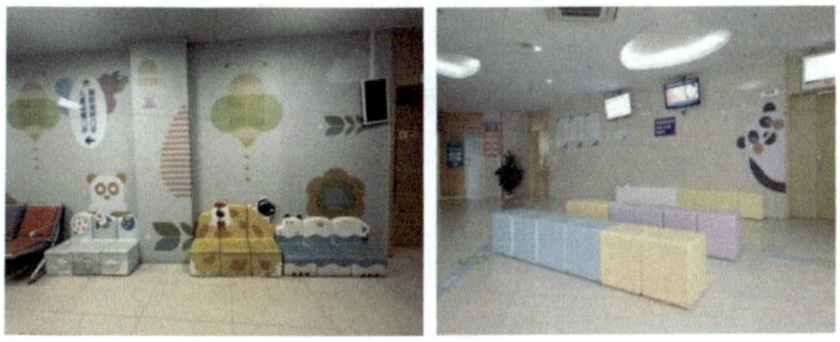

（a）　（b）

图 6-56　儿童综合诊疗区候诊空间

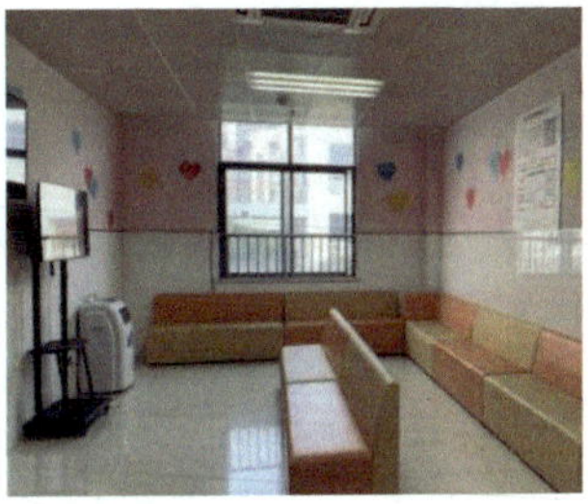

图 6-57　儿童留观室

综合候诊空间布置了小型的儿童活动空间（图 6-58），区域内摆放了儿童专用的软座椅，座椅设计成蓝色小熊的卡通形象，趣味感十足。旁边设置了益智玩具区与阅读区，儿童可以在沙发上进行阅读以及娱乐等活动。

医院内部的指示标识清晰，在空间复杂的地方，采用地面和空间结合设置指示标识的形式，更好地引导儿童和家长到达指定的区域。标识的色彩活泼，能够吸引人们的注意力（图 6-59）。

图 6-58　小型儿童活动空间

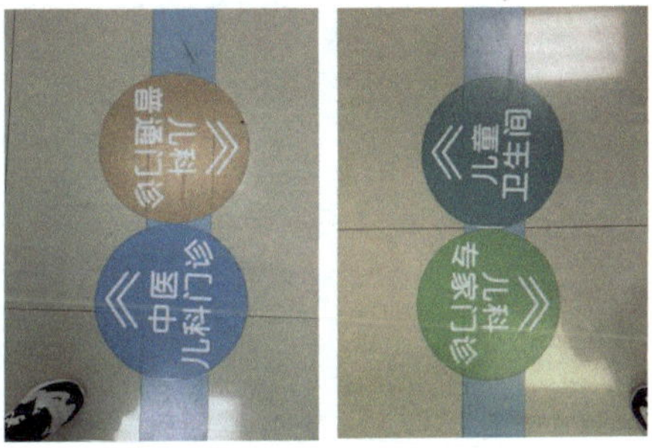

（a）　（b）

图 6-59　指示标识

胥口镇卫生院设置了儿童输液观察室（图 6-60），内部布置绘制有卡通图案的病床，体现出对儿童的呵护。儿童雾化室也选择了彩色的桌椅（图 6-61），以此来减少儿童在就诊时出现的排斥心理等。

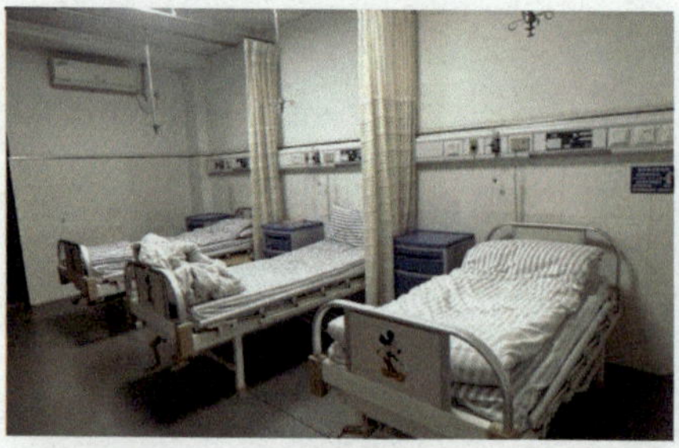

图 6-60　儿童输液观察室

图 6-61　儿童雾化室

（2）儿科病区。

胥口镇卫生院的儿科病区的适儿化建设采用了从色彩、功能到情感的多维策略，营造出积极健康的空间环境氛围。病区整体以明亮色调为主，玻璃门绘制彩色卡通图案消解医疗空间的严肃感，走道顶棚采用“天空蓝”模拟户外视觉体验，同时病区空间结合多样化主题功能区与场景体验区设置，构建从视觉感知到深度体验的儿童友好场所，可为社区卫生服务中心同类空间的适儿化更新提供参考借鉴（图 6-62）。

在病房内，布置了粉色的儿童病床，并加高了安全防护栏，以保障儿童的安全，整体空间干净清爽，粉色的病床给空间增加了温暖的气氛（图 6-63）。

图 6-62　儿科病区

图 6-63　儿童病房

在病区公共走廊空间（图 6-64），墙面采用主题化连贯彩绘设计，以蓝色为主色调在走廊墙面勾勒出水下世界图景，并利用绿植盆栽进行自然装点，以自然意象营造出趣味与活力的空间氛围。

该卫生院在病区的公共区域还设置了公共阅读角（图 6-65），保障儿童在住院的过程中有其他活动可以进行，为乏味的住院时光增添阅读的快乐，同时在公共阅读区还可以与其他小朋友进行交流，从而达到与在院外相同的社交沟通，让儿童不觉得自己被局限在病房中，从而消解就诊过程中的不良情绪。

图 6-64　病区走廊

图 6-65　病区公共阅读角

（3）儿童专用卫生间及其它。

胥口镇卫生院的儿童专用卫生间设计趣味性十足（图6-66、图6-67）。不同于其他医院只设置了简单的儿童卫生设施，该卫生院设置了独立的儿童卫生间，同时母婴室的色彩也比较柔和（图 6-68），以红蓝两色为主，从空间装饰到设置的配备，都从“儿童友好”视角出发，构建了兼具实用性与情感温度的适儿化卫生服务场景。

胥口镇卫生院的儿童专用卫生间设计注重空间识别性与适儿化细节：以粉色与绿色作为性别区分主色调，分别对应女生与男生卫生间，通过鲜明色彩吸引儿童注意力并引导自主分辨；内部配置儿童专用马桶、低位小便器及适高洗手台，较好匹配了儿童生理特征与使用习惯。

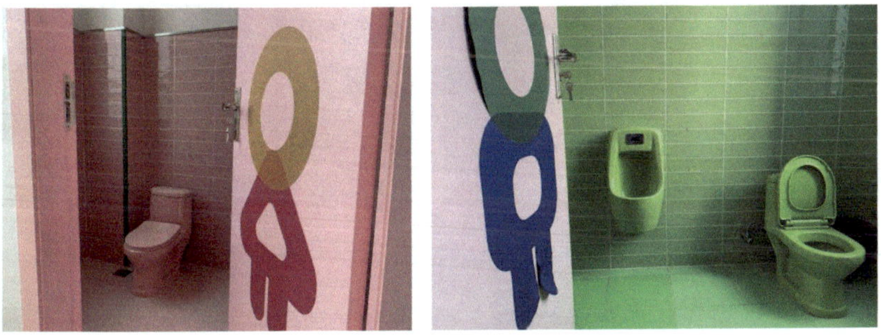

（a）　　　　　　　　　　　　（b）

图 6-66　儿童专用卫生间

图 6-67　儿童洗手池

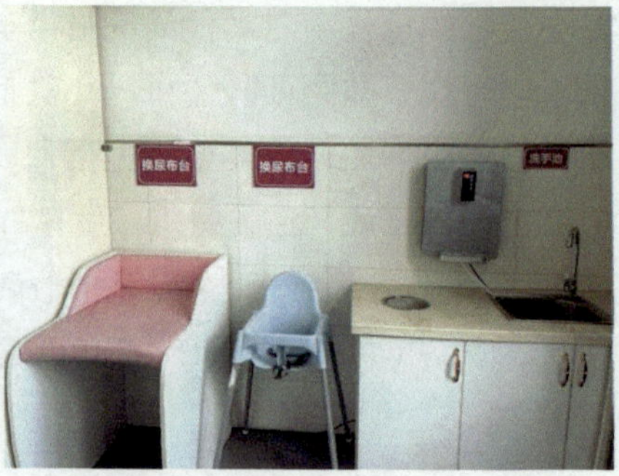

图 6-68　母婴室

2. 儿童诊疗服务友好

(1) 开展多样友好医疗服务。

胥口镇卫生院整合多样化儿童友好医疗服务，构建了“监测干预+科普教育+公益守护”的服务体系：通过定期开展儿童生长发育义诊，实现健康问题早期识别与干预，同步举办育儿知识讲座赋能家长科学育儿；针对入托及学龄前儿童、中小学群体开展定期健康检查，建立“筛查-评估-干预”全周期管理闭环，对异常情况及时介入；开展“健康讲座进校园”“科普宣传进病房”等多元健康宣传活动，并在“六一”等节点推出主题公益服务。该院以临床诊疗与公益服务融合、高频社区互动的模式，有效提升家庭健康认知，筑牢儿童健康成长防护网（图 6-69、图 6-70）。

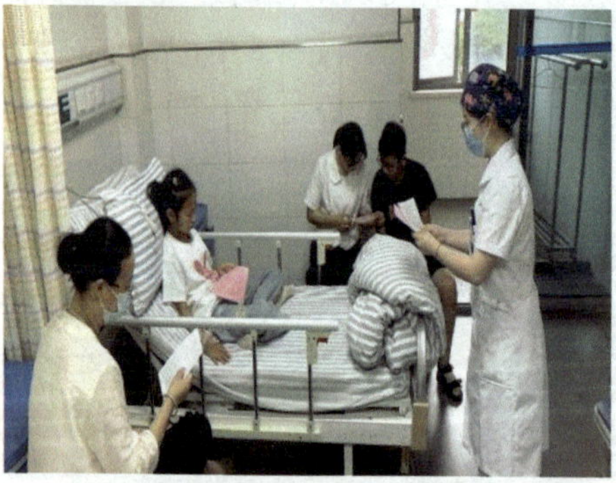

图 6-69　病房科普宣传

图 6-70　健康讲座进校园

3. 拓展特色医疗服务

为切实提升对儿童的医疗服务质量，胥口镇卫生院开设了儿童康复专科（图 6-71），并选派专业人员进行深造，如选派康复师赴苏州大学附属

图 6-71　儿童康复专科环境

儿童医院康复科接受系统培训。在专家定期坐诊助力下，胥口镇卫生院已具有独立开展日常儿童康复治疗的能力，可为辖区内儿童提供精准、有效的康复服务，以充分保障辖区儿童的身心健康。

胥口镇卫生院开设了儿童中医科，秉持中医辨证施治理念，为儿童患者定制个性化治疗方案。科室运用精细小儿推拿、温和拔罐疗法、精准穴位贴敷、舒缓中药药浴等多元疗法，对儿童进行针对性中医治疗，并注重儿童体质调理与健康促进，为辖区内家庭提供了兼具传统智慧与创新思维的儿童健康服务，打造了特色化中医育儿健康守护场景。

6.4　结　语

在苏州从 2020 年起全面启动儿童友好城市建设以来，出台了《苏州市儿童友好城市战略规划（2021—2035 年）》《苏州市儿童友好城市三年行动计划（2021—2023）》《苏州市儿童友好医院建设指引（试行）》《苏州市儿童友好医院建设评分细则（试行）》等一系列儿童友好医院建设相关文件，有效指导了苏州各类型医疗卫生服务机构的适儿化建设，并建设了首批儿童友好医院的示范项目。这些项目以《苏州市儿童友好医院建设指引（试行）》的相关要求为参照，并结合自身资源条件特点进行了创新性的适儿化建设，形成了一个个富有特色的儿童友好就医的空间场景，有效回应了当前儿童友好医院建设的关键性问题，可以为我国其他城市的儿童友好医院建设提供有益的策略参考。

参考文献

[1] Allahyar M, Kazemi F. Effect of landscape design elements on promoting neuropsychological health of children [J]. Urban Forestry & Urban Greening, 2021 (65): 1-11.

[2] Birch J, Curtis P, James A. Sense and sensibilities: in search of the child-friendly hospital [J]. Built Environment, 2007, 33 (4): 405-416.

[3] Cartland J, Ruch-Ross H S, Carr L, et al. The Role of Hospital Design in Reducing Anxiety for Pediatric Patients [J]. HERD: Health Environments Research & Design Journal, 2018, 11 (3): 66-79.

[4] Chatterjee S. Children's Friendship with Place: A Conceptual Inquiry [J]. Children, Youth and Environment, 2015 (1): 1-26.

[5] Coad J, Coad N. Children and young people's preference of thematic design and colour for their hospital environment [J]. Journal of child health care, 2008, 12 (1): 33-48.

[6] Daylin N, Byrne E, Tony S, et al. Review: The impact of art, design and environment in mental healthcare: a systematic review of the literature [J]. Royal Society for the Promotion of Health, 2008 (2): 85-94.

[7] Deborah N. The health-care environment through the eyes of a child—Dos it soothe or provoke anxiety [J]. International Journal of Nursing Practice, 2012, 18 (1): 7-11.

[8] Gieryn T F. What Buildings Do [J]. Theory and Society, 2002, 31

(1): 35-74.

[9] Lambert V, Coad J, Hicks P, et al. Social spaces for young children in hospital [J]. Child Care Health & Development, 2014, 40 (2): 195-204.

[10] Manouchehri B, Burns E A. Perception, concern, competency: children's understanding of physical and non-physical aspects of urban environment in Iran [J]. Children's Geographies, 2023, 21 (1): 147-162.

[11] Mutambo C, Shumba K, Hlongwana K W. Post-training and mentorship experiences of KidzAlive-trained healthcare workers at primary heslthcare facilities in KwaZulu-Natal, South Africa [J]. African Journal of Primary Health Care & Family Medicine, 2018 (41): 46-51.

[12] Organization W H. Standards for improving the quality of care for children and young adolescents in health facilities. 2018.

[13] Ullán A M, Belver M H. Visual Arts in Children's Hospitals: Scoping Review [J]. HERD: Health Environments Research & Design Journal, 2021 (4): 339-367.

[14] Woo J C, Lin Y L. Kids' Perceptions toward Children's Ward Healing Environments A Case Study of Taiwan University Children's Hospital [J]. Healthcare Engineering, 2016: 1-10.

[15] 程丽娟. 心理护理在儿科临床护理中的应用 [J]. 当代护士(专科版), 2010 (S1): 59-60.

[16] 丁小雪, 夏正伟. 儿童友好背景下社区卫生服务中心空间环境特征分析 [J]. 华中建筑, 2024, 42 (5): 16-20.

[17] 杜治政. 生物-心理-社会医学模式的实践与医学整合 [J]. 医学与哲学 (人文社会医学版), 2009, 30 (9): 1-5.

[18] 儿童友好型城市规划手册: 为孩子营造美好城市. 联合国儿童基金会, 2019.

[19] 付列武, 戴茜, 吴子仪, 等. 浅谈基于色彩心理学的儿童医院空间设计 [J]. 工程建设, 2020, 52 (4): 1-5.

[20] 巩永康, 邱卓涛, 韩硕, 等. 儿童医院公共就诊空间人性化设计研究 [J]. 中外建筑, 2018 (4): 116-117.

[21] GREENinc 景观设计事务所. 纳尔逊·曼德拉儿童医院景观

[J]. 风景园林，2017（9）：57-67.

[22] 郭潇雅. “儿童友好医院”的上海实践 [J]. 中国医院院长，2022，18（2）：80-82.

[23] 李晓颖，朱晓英. 基于居民主观幸福感的街巷景观提升研究：以南京小西湖街巷为例 [J]. 中国名城，2021，35（11）：54-60.

[24] 刘宇春，杜雪平，丁静，等. 0~3 岁儿童社区儿科门诊就诊需求研究 [J]. 中国全科医学，2023（16）：1996-2001.

[25] 刘月树. “生物心理社会医学模式”理论的历史与现实：以恩格尔为中心的学术史考察 [J]. 科学经济社会，2018，36（2）：18-25.

[26] 钮骏，李艳红，余婷. “健康中国”背景下儿童友好型医院的初步探索：以上海市儿童医院为例 [J]. 都市社会工作研究，2019（1）：16-28.

[27] 钮骏，李艳红，余婷. 全人健康视角下患儿成长支持体系探索：以上海市儿童医院社会工作实践为例 [J]. 中国社会工作，2019（36）：14-20.

[28] 彭文青，唐志宏，刘芑. 情景化设计在儿童医疗空间的应用研究 [J]. 居舍 2022（32）：11-14.

[29] 邱红，甘霖，朱洁. 国际儿童友好型城市建设路径及对北京的启示 [J]. 城市发展研究，2022，29（1）：1-5.

[30] 任临君，儿童医院景观设计策略分析 [J]. 中国医院建筑与装备，2020，21（6）：57-58.

[31] 王沛. 视觉心理效应在儿童就医环境中的应用 [J]. 包装工程，2014，35（20）：114-117.

[32] 王珊，孟晋，王冰冰. 场景的再现：辛辛那提儿童医院公共空间设计 [J]. 北京工业大学学报，2017，43（8）：1220-1226.

[33] 王熙元，金璐萍，傅婷，等. 儿童医院公共服务设计 [J]. 包装工程，2020，41（20）：109-118.

[34] 王元哲. 关于儿童医院的空间设计研究 [J]. 设计，2017（24）：132-133.

[35] 吴曼. 基于感觉统合理论的儿童医院公共空间环境设计：以芝加哥安与罗伯特·卢里儿童医院为例 [J]. 装饰，2020（10）：138-139.

[36] 夏正伟，丁小雪，王轩轩，等. 走向儿童友好医院：背景、理

念与路径［J］. 建筑学报，2023（S2）：101-107.

［37］徐青萍，刘建军. 儿童医院就诊患儿的心理护理特点［J］. 实用医技杂志，1999（10）：802.

［38］许蔷，张琰，马新星，等. 儿童友好型医院建设的探索与实践［J］. 中国当代医药，2022，29（18）：137-140.

［39］张铭琦，刘玉龙，杨宇滨，等. 为儿童而设计：以首都儿科研究所附属儿童医院通州院区方案设计为例［J］. 当代建筑，2021（5）：20-23.

［40］张文宇，张春阳. 生态，趣味，人性化儿童医院设计：以澳大利亚两所经典儿童医院为例［J］. 新建筑，2016（5）：85-89.

［41］周颖，孙耀南，刘曦文. 医院建筑研究的观念、方法与技术：以医护效率与患者生活为中心课题［J］. 新建筑，2018（3）：24-29.

［42］祝捷，洪再生，袁大昌，等. 亲近自然的绿色儿童医院：墨尔本皇家儿童医院［J］. 动感（生态城市与绿色建筑），2016（3）：76-81.

附录一

苏州市儿童友好医院建设评分细则（部分）[①]

儿童专科医院

一级指标	二级指标	指标内容	分值	得分
一、制度友好（16分）	政策友好	坚持儿童优先原则，重视儿童友好的顶层设计，在相关公共资源分配、制度制定、日常管理中，充分考虑儿童就医权益，优先保障儿童身心健康。	4分	
	管理体系	构建充分保障儿童身心健康的服务体系，形成职责明确、信息互通、协调推进的工作管理模式。	4分	
	文化建设	利用医院、新媒体平台等宣传渠道，普及儿童友好理念，营造良好儿童友好氛围。	4分	
	儿童参与	在医院空间环境建设、诊疗服务优化等方面具有畅通的儿童需求表达渠道，建立儿童参与工作机制。	4分	
二、室外空间环境友好（16分）	建筑形象与标识	1. 建筑形象与立面设计具有趣味性。如结合儿童主题进行建筑立面形象设计，具有亮丽、活泼的色彩元素等。（2分） 2. 室外标识系统清晰醒目，采用富有童趣的形象与元素。（1分）	3分	

① 评分细则为2023年版，相关资料由苏州市卫生健康委员会妇幼健康处提供。

续表

一级指标	二级指标	指标内容	分值	得分
二、室外空间环境友好（16分）	交通空间	1. 医院内道路限速 5 km/h，禁止鸣笛，宜实行机动车单向行驶。(1分) 2. 合理设置即停即走的机动车临时上下客区，做到便捷与安全。(1分) 3. 医院主要人行出入口周边 150 m 范围内设有公共交通站点。(1分) 4. 医院内步行道和非机动车道满足连续、安全、无障碍通行要求；服务于就诊儿童家长的非机动车停车区域与医院主要建筑入口之间应具有安全、便捷的步行交通联系。(2分)	5分	
	休憩与活动空间	1. 应结合室外绿化环境，设置交通便捷并具有一定围合性的休息活动空间，且不受机动车交通干扰。(1分) 2. 室外儿童活动空间不小于 30 m^2，附近提供家长休息看护区、儿童洗手台等配套设施。(2分) 3. 室外儿童活动设施及材料满足儿童安全使用和儿童天性需求，并定期对各类设施进行检查、维护及清洁消毒；如采用金属材料的休憩与活动设施应放置在阴凉处，避免阳光照射后表面温度过高对儿童产生伤害。(1分) 4. 在室外儿童活动设施处设置必要安全警示标志、监控设施等。(1分)	5分	
	景观绿化	1. 医院具有较好的景观环境，且不应种植有毒、易引起儿童过敏、带有尖锐枝干/叶子的植物。(1分) 2. 儿童室外活动场地与休息等候区等应结合景观绿化进行空间围合划分。(1分) 3. 在利用灌木分隔步行空间、休息等候空间、儿童活动空间与机动车交通空间时，灌木高度应低于 0.8 m，以保障儿童活动安全。(1分)	3分	
三、室内空间环境友好（26分）	公用空间与设施	1. 从“一米高度”进行公用空间的界面设计，在门诊大厅、儿童就诊区通道、公共楼梯间等营造出符合儿童主题的空间环境。(2分) 2. 在门厅、过厅、医院街等公共区域设置服务于儿童的商业设施（商店、自动售卖机等）。(1分) 3. 儿科诊室附近配备独立房间的母婴室，面积宜大于 10 m^2，母婴室具体设施齐全，符合标准要求。(1分) 4. 卫生间设置儿童专用设施（儿童专用小便器/坐便器、高低洗手盆等），且内部卫生设		

续表

一级指标	二级指标	指标内容	分值	得分
三、 室内空间环境友好 (26分)	公用空间与设施	施数量宜满足高峰时段的使用要求；设置独立的无性别卫生间。(2分) 5. 儿童在就诊过程中接触到的相关家具与设施应满足人性化和安全性要求。如适宜儿童尺度的无棱角桌椅、防滑地面、采用绿色环保装饰材料等；儿童活动设施按要求定时消毒灭菌。(2分)	8分	
	功能用房(候诊区，就诊区，医技检查房间)	1. 各候诊与就诊空间应营造出温馨舒适的空间环境，并具有良好的通风采光条件。(2分) 2. 候诊区面积规模符合候诊需求，空间尺度满足候诊和通行需求。宜在诊疗区端部设置候诊厅；利用走道单侧候诊时，走道净宽不应小于2.40 m；利用走道两侧候诊时，走道净宽不应小于3.00 m；如提供预防接种服务，其候诊区和留观区的面积均不宜少于60 m^2。(2分) 3. 候诊区附近设置具有童趣的健康教育宣传栏、婴儿车停放处等。(1分)	5分	
	儿童病房	1. 每个护理单元按35—45张病床设置，不同病理类型的病房分开设置，配置一定数量的隔离病房；病房内采用无棱角家具，设置儿童专用病床和一定数量的成人病床。(2分) 2. 儿童病房空间应营造出温馨、舒适、趣味的空间环境；室内照明应充分考虑儿童特征，灯具的布置与选择上应防止眩光等。(2分) 3. 儿童病房内应配备独立卫生间及安全的冷、热水系统洗手设施热水供水温度不宜大于40 ℃，以免儿童烫伤。(1分) 4. 儿童病房应具有良好的采光通风条件，并结合病房功能要求，设置普通空调或净化空调。(1分)	6分	
	儿童活动空间	1. 在儿童停留时间长的诊疗区附近设置儿童活动空间。应具有较好的采光通风，且附近设置家长休息等候设施。(2分) 2. 应营造出温馨、舒适、趣味的儿童活动空间环境。如采用自然、植物、动物等元素进行装饰，进行主题化空间营造。(1分) 3. 活动空间功能内容设置符合儿童需求，配备儿童读物、作品展示、趣味玩具等。(1分)	4分	

续表

一级指标	二级指标	指标内容	分值	得分
三、室内空间环境友好（26分）	景观与标识	1. 室内空间宜结合盆栽绿化进行布置，但不应布置有毒、易引起儿童过敏、带有尖锐枝干/叶子的植物。（1分） 2. 应具有明晰且富有童趣的就诊指引标识系统。如采用植物、动物等富有童趣形象与元素，分级设置就诊空间指引；母婴室、儿童活动场地等有醒目导向标识。（2分）	3分	
四、服务友好（30分）	科普宣传	1. 开展多样性的儿童疾病防治科普宣传。如通过线上和线下媒介将临床案例、常见疾病防治知识转化科普趣文；开展儿童健康云课堂或制作儿童健康科普的微视频等。（4分） 2. 进行健康节日宣教活动。在世界罕见病日、全国爱眼日等健康节日期间，通过多样化的媒介推出相关科普讯息。（3分） 3. 进行季节病科普宣教。在手足口病、流行性感冒等疾病高峰期，通过多样化的媒介发布疾病科普资讯和就诊流程。（3分）	10分	
	人性化诊疗	1. 提供儿童中医保健与诊疗服务。（2分） 2. 提供预检分级分诊、诊前常规检验等服务。（3分） 3. 提供儿童医疗辅导游戏活动。（3分）	8分	
	公益服务	1. 提供门诊导医、助医、亲情陪护、活动区看护等志愿服务项目。（3分） 2. 开展常态化的儿童健康咨询公益服务活动。如儿童义诊咨询服务、生长发育咨询、用药安全咨询等公益性咨询服务。（3分） 3. 开展家暴儿童个案筛查，对困难儿童开展慈善资助项目，开展患儿及其家庭安宁疗护。（6分）	12分	
五、特色指标（12分）	加分项	1. 具有系统完善的儿童友好医院建设理念，全方位提升儿童医疗健康服务质量和水平。	5分	
		2. 具有特色化的诊疗与健康服务，如“互联网+儿童健康”诊疗服务、家庭育儿支持社工服务项目、家庭医生签约服务、为患重大疾病儿童提供积极的心理关爱服务等。有1项加1分，上限为3分。	3分	
		3. 儿童友好医院建设过程中已改造完成多项特色友好空间（可提供改造前后对比），有1项加1分，上限为4分。	4分	
总得分				

注：发生过损害儿童身心健康并造成影响事件或案件的医院取消儿童友好参评资格，实行一票否决。

社区卫生服务中心/乡镇卫生院

一级指标	二级指标	指标内容	分值	得分
一、制度友好（16分）	政策友好	坚持儿童优先原则，重视儿童友好的顶层设计，在相关公共资源分配、制度制定、日常管理中，充分考虑儿童就医权益，优先保障儿童身心健康。	4分	
	管理体系	构建充分保障儿童身心健康的服务体系，形成职责明确、信息互通、协调推进的工作管理模式。	4分	
	文化建设	利用机构、新媒体平台等宣传渠道，普及儿童友好理念，营造良好儿童友好氛围。	4分	
	儿童参与	在机构空间环境建设、诊疗服务优化等方面具有畅通的儿童需求表达渠道，建立儿童参与工作机制。	4分	
二、室外空间环境友好（12分）	建筑形象与标识	1. 建筑形体与立面设计具有特色，具有舒适宜人整体特征。(2分) 2. 室外标识系统清晰醒目，采用便于儿童认知的形象与元素。(1分)	3分	
	交通空间	1. 道路限速 5 km/h，禁止鸣笛，宜实行机动车单向行驶。(1分) 2. 合理设置即停即走的机动车临时上下客区，做到便捷与安全。(1分) 3. 医院内步行道和非机动车道满足连续、安全、无障碍通行要求；服务于就诊儿童家长的非机动车停车区域与医院主要建筑入口之间应具有安全、便捷的步行交通联系。(3分)	5分	
	景观绿化	1. 医院具有较好的景观环境，且不应种植有毒、易引起儿童过敏、带有尖锐枝干/叶子的植物。(2分) 2. 儿童室外活动场地与休息等候区等应结合景观绿化进行空间围合划分。(1分) 3. 在利用灌木分隔步行空间、休息等候空间、儿童活动空间与机动车交通空间时，灌木高度应低于 0.8 m，以保障儿童活动安全。(1分)	4分	

续表

一级指标	二级指标	指标内容	分值	得分
三、 室内空间环境友好（28分）	公用空间与设施	1. 从“一米高度”进行儿童诊疗区域公用空间的界面设计，营造符合儿童主题的空间环境。(2分) 2. 儿科诊室附近配备独立房间的母婴室，面积宜大于10 m^2，母婴室具体设施齐全，符合标准要求。(2分) 3. 卫生间设置儿童专用设施（儿童专用小便器/坐便器、高低洗手盆等），且内部卫生设施数量宜满足高峰时段的使用要求；设置独立的无性别卫生间。(2分) 4. 儿童在就诊过程中接触到的相关设施和家具应满足人性化和安全性诉求。如无棱角及适宜儿童尺度的桌椅、防滑地面、采用绿色环保装饰材料等；儿童活动设施按要求定时进行消毒灭菌。(3分)	9分	
	功能用房（候诊区，就诊区，医技检查房间）	1. 儿童候诊与就诊空间应营造出温馨舒适的空间环境，并具有良好的通风采光条件。(3分) 2. 儿童候诊区面积规模符合候诊需求，空间尺度满足候诊和通行需求。预防接种取号候诊区和留观区的面积均不宜少于60 m^2。(2分) 3. 儿童候诊区附近设置具有童趣的健康教育宣传栏、婴儿车停放处等。(2分)	7分	
	儿童活动空间	1. 在儿童停留时间长的诊疗区附近设置儿童活动空间。应具有较好的采光通风，且附近设置家长休息等候设施。(4分) 2. 应营造出温馨、舒适、趣味的儿童活动空间环境。如采用自然、植物、动物等元素进行装饰，进行主题化空间营造。(2分) 3. 活动空间功能内容设置符合儿童需求，配备儿童读物、作品展示、趣味玩具等。(2分)	8分	
	景观与标识	1. 室内空间宜结合盆栽绿化进行布置，但不应布置有毒、易引起儿童过敏、带有尖锐枝干/叶子的植物。(2分) 2. 儿童就诊区域应具有明晰且富有童趣的就诊指引标识系统。如采用植物、动物等富有童趣形象与元素，分级设置就诊空间指引；母婴室、儿童活动场地等有醒目导向标识。(2分)	4分	

续表

一级指标	二级指标	指标内容	分值	得分
四、服务友好（30分）	科普宣传	1. 开展多样性的儿童疾病防治科普宣传。如通过线上和线下媒介将临床案例、常见疾病防治知识转化科普趣文，开展儿童健康云课堂或制作儿童健康科普的微视频等。(3分) 2. 进行健康节日宣教活动。在世界罕见病日、全国爱眼日等健康节日期间，通过多样化的媒介推出相关科普讯息。(3分) 3. 进行季节病科普宣教。在手足口病、流行性感冒等疾病高峰期，通过多样化的媒介发布疾病科普资讯和就诊流程。(3分) 4. 在中医门诊附近设置中医知识/文化宣传栏。(3分)	12分	
	人性化诊疗	1. 提供儿童中医保健与诊疗服务。(4分) 2. 提供预检分级分诊服务。(2分) 3. 提供儿童医疗辅导游戏活动。(2分) 4. 积极利用医联体、医共体等医疗载体，具有较好的儿童诊疗服务网络（2分）	10分	
	公益服务	1. 提供门诊导医、助医、亲情陪护、活动区看护等志愿服务项目。(3分) 2. 开展常态化的儿童健康咨询公益服务活动。针对儿童义诊咨询服务、生长发育咨询、用药安全咨询等公益性咨询服务。(3分) 3. 开展家暴儿童个案筛查。(2分)	8分	
五、特色指标（14分）	加分项	1. 具有系统完善的儿童友好医院建设理念，全方位提升儿童医疗健康服务质量和水平。	5分	
		2. 重视儿科医师队伍建设，成效较为显著。	3分	
		3. 具有特色化的诊疗与健康服务，如“互联网+儿童健康”诊疗服务、家庭育儿支持社工服务项目、慈善资助项目、为患重大疾病儿童提供积极的心理关爱服务等。有1项加1分，上限为3分。	3分	
		4. 儿童友好机构建设过程中已改造完成多项特色友好空间（可提供改造前后对比），有1项加1分，上限为3分。	3分	
总得分				

注：发生过损害儿童身心健康并造成影响事件或案件的医院取消儿童友好参评资格，实行一票否决。

附录二

图表来源

图 2-5，在参考文献［12］基础上改绘

图 5-1，来源：https://www.archdaily.com/595827/new-lady-cilento-children-s-hospital-lyons-conrad-gargett?ad_medium=gallery。

图 5-2，来源：https://www.archdaily.com/870774/nelson-mandela-childrens-hospital-sheppard-robson-plus-john-cooper-architecture-plus-gapp-plus-ruben?ad_source=search&ad_medium=projects_tab。

图 5-4，来源：http://www.ringtown.net/info/?id=525。

图 5-5，来源：https://www.vipyidian.com/news/71811.html。

图 5-7，来源：https://www.archdaily.com/870774/nelson-mandela-childrens-hospital-sheppard-robson-plus-john-cooper-architecture-plus-gapp-plus-ruben?ad_source=search&ad_medium=projects_tab。

图 5-8，来源：https://www.archdaily.com/595827/new-lady-cilento-children-s-hospital-lyons-conrad-gargett?ad_medium=gallery。

图 5-9，来源：https://www.archdaily.com/870774/nelson-mandela-childrens-hospital-sheppard-robson-plus-john-cooper-architecture-plus-gapp-plus-ruben?ad_source=search&ad_medium=projects_tab。

图 5-10，来源：https://www.gooood.cn/the-crown-sky-garden-by-m-k.htm。

图 5-13，来源：https://www.archdaily.com/870774/nelson-mandela-childrens-hospital-sheppard-robson-plus-john-cooper-architecture-plus-gapp-plus-ruben?ad_source=search&ad_medium=projects_tab。

图 5-14，来源：https://www.archdaily.com/595827/new-lady-cilento-children-s-hospital-lyons-conrad-gargett?ad_medium=gallery。

图 5-15（a），来源：https://www.archdaily.com/439396/nemours-children-s-hospital-stanley-beaman-and-sears?ad_medium=gallery。

图 5-15（b），来源：https://www.archdaily.com/870774/nelson-mandela-childrens-hospital-sheppard-robson-plus-john-cooper-architecture-plus-gapp-plus-ruben?ad_source=search&ad_medium=projects_tab。

图 5-16，来源：https://www.archdaily.com/439396/nemours-children-s-hospital-stanley-beaman-and-sears?ad_medium=gallery。

图 5-17，来源：https://www.archdaily.com/595827/new-lady-cilento-children-s-hospital-lyons-conrad-gargett?ad_medium=gallery。

图 5-18，来源：https://www.archdaily.com/439396/nemours-children-s-hospital-stanley-beaman-and-sears?ad_medium=gallery。

图 5-19，来源：https://www.archdaily.cn/cn/879036/3xnde-playfully-logical-fang-an-ying-de-dan-mai-ge-ben-ha-gen-xin-guo-jia-er-tong-yi-yuan-she-ji-jing-sai。

图 5-20，来源：https://www.shejiben.com/sjs/883024/log-43908-1460487.html。

图 5-21，来源：https://3xn.com/project/copenhagen-childrens-hospital。

图 5-22，来源：https://baijiahao.baidu.com/s?id=1634676111197239985。

图 5-25，来源：https://www.cn-healthcare.com/articlewm/20190301/content-1046755.html。

图 5-27（a），来源：https://dcutp.com/index.php?s=/News/show/id/435.html。

图 5-27（b），来源：https://www.pinterest.com/pin/787426316088600885/。

图 5-28（a），来源：http://www.streetfurniture.org/radium-bench-by-mmcite/。

图 5-28（b），来源：https://www.outdoordesign.com.au/news-info/good-design-gold-award-for-franklin-square/6108.htm。

图 5-31 左，来源：https://www.hhlloo.com/a/CODED-SCAPE.html。

图 5-31（b），来源：https://arquitecturayempresa.es/noticia/arquitectura-para-mejorar-la-salud-crown-sky-garden-de-mikyoung-kim。

图 5-35（a），来源：https://www.archdaily.com/870774/nelson-mandela-childrens-hospital-sheppard-robson-plus-john-cooper-architecture-plus-gapp-plus-ruben?ad_source=search&ad_medium=projects_tab。

图 5-35（b），来源：https://www.archdaily.com/795981/pars-hospital-new-wave-architecture。

图 5-36（a），来源：https://healthcaresnapshots.com/projects/2859/hallmark-health-melrose-wakefield-medical-building/。

图 5-36（b），来源：https://www.fcarchitects.com/work/john-hopkins-park-renovation。

图 5-37（a），来源：https://www.i-mhd.com/article/8751.html。

图 5-37（b），来源：https://www.archdaily.cn/cn/802260/ao-da-li-ya-er-tong-yi-yuan-an-zhuang-liao-ban-tou-ming-de-mu-jie-gou-zhuang-zhi-he-zhao-ming-xi-tong。

图 5-39（a），来源：https://www.gooood.cn/vanke-early-learning-centre-by-dot-architects-beijing-office.htm。

图 5-39（b），来源：https://www.pinterest.com/pin/603834262549505590/。

图 6-8，图 6-9，图 6-10，图 6-11，图 6-12，图 6-26，图 6-27，图 6-28，图 6-29，图 6-41，图 6-42，图 6-53，图 6-54，图 6-69，图 6-70，由苏州市卫健委妇幼健康处提供

表 4-1 相关数据来源于《苏州市建设儿童友好城市战略规划（2021—2035 年）》。

表 5-10 左图，来源：https://daveburk.com/suzhou-childrens-hospital/。

表 5-10 中图，来源：https://healthcaresnapshots.com/projects/6898/our-lady-of-the-lake-childrens-hospital/。

表 5-10 右图，来源：https://www.archdaily.com/595827/new-lady-cilento-children-s-hospital-lyons-conrad-gargett?ad_medium=gallery。

其他未注明的图表，均由作者团队自绘或自摄。

因客观条件限制，部分图片未能及时联系到著作权人，若您确认对书中某图片享有著作权，请与我们及时联系。